AF588841

DESCRIPTION

DES

COUCHES DU SYSTÈME OOLITHIQUE INFÉRIEUR

DU CALVADOS,

SUIVIE D'UN

CATALOGUE DESCRIPTIF

DES BRACHIOPODES QU'ELLES RENFERMENT;

PAR

M. EUGÈNE DESLONGCHAMPS,

MEMBRE DE LA SOCIÉTÉ LINNÉENNE DE NORMANDIE, DE LA SOCIÉTÉ GÉOLOGIQUE DE FRANCE, DE LA SOCIÉTÉ DES RECHERCHES UTILES DE TRÈVES, ETC.

Extrait du 2e. volume du Bulletin de la Société Linnéenne de Normandie.

CAEN,
TYPOGRAPHIE DE A. HARDEL, LIBRAIRE,
RUE FROIDE, 2.

1857.

DESCRIPTION

DES

COUCHES DU SYSTÈME OOLITHIQUE INFÉRIEUR

DU CALVADOS;

suivi d'un

CATALOGUE DESCRIPTIF DES BRACHIOPODES QU'ELLES RENFERMENT.

Ire. PARTIE. — OOLITHE INFÉRIEURE.

AVERTISSEMENT.

Parmi les ordres de mollusques servant aux géologues à fixer les limites des différentes faunes éteintes, celui des Brachiopodes est un des plus communément employés, grâce au grand nombre d'échantillons que souvent les couches renferment, et grâce aussi à leur belle conservation, dont la cause est la grande facilité avec laquelle leur test, de nature lamelleuse, a permis à ces coquilles de persister jusqu'à nous sans altérer leurs caractères (1).

Depuis ces dernières années, l'essor rapide imprimé à leur étude par les beaux travaux de M. Davidson, a fait naître une foule de mémoires importants qui, dès à présent peut-être, permettraient de faire une monographie générale des espèces jurassiques. Une pareille prétention est loin de ma pensée; je me bornerai donc ici à présenter un aperçu des espèces du système oolithique inférieur de notre département, sans prétendre connaître tout ce qu'il renferme, et je m'estimerai heureux si je ne laisse pas trop de lacunes que, tôt ou tard, des recherches suivies parviendront sans doute à combler.

Comme je désire avant tout être utile aux géologues qui souvent viennent visiter nos contrées, je commencerai par une notice sur les différentes couches où se sont rencontrées les espèces objet de ce travail.

E. E.-D.

16 septembre 1847.

(1) Les *Ostracées* et les *Pectinidées*, qui ont souvent été choisies comme caractéristiques des terrains, doivent aussi, sans doute, cette préférence à la même particularité d'organisation.

CONSIDÉRATIONS GÉNÉRALES

SUR LE SYSTÈME JURASSIQUE INFÉRIEUR DU CALVADOS.

Le système jurassique inférieur occupe, dans notre département, une large zône N.-O. S.-E., qui constitue la deuxième région naturelle si bien indiquée par M. de Caumont dans sa *Topographie géognostique du Calvados.* Cette zône présente, en général, de vastes plaines dont l'uniformité n'est interrompue que par quelques vallées, et contraste, sous ce rapport, avec deux autres régions constituées d'un côté (*arrondissements de Lisieux et de Pont-l'Évêque*) par la craie et le système jurassique supérieur, de l'autre, par les terrains anciens où s'adosse le grand bassin anglo-parisien, et qui occupent *une partie des arrondissements de Bayeux et de Falaise, et tout l'arrondissement de Vire.*

Le lias ne forme qu'une bande étroite sur les limites du bassin; le système oolithique inférieur, au contraire, occupe à lui seul presque toute la région jusqu'à la mer, sur les bords de laquelle des falaises abruptes, bien connues des géologues, offrent une magnifique coupe où l'on peut voir très-nettement la succession complète de ces dépôts.

En étudiant ce système, on y distingue au premier abord deux régions : la première est la partie connue sous le nom de plaine de Caen, étendue depuis la mer jusqu'aux limites du département de l'Orne dans lequel elle se prolonge. Ce vaste plateau, qui présente à peine quelques légères vallées, est constitué par la GRANDE OOLITHE, *étage Bathonien* de M. d'Orbigny.

La deuxième région, au contraire, forme une série de petits plateaux interrompus çà et là par de petites vallées dont les côtés sont en pente douce; elle occupe toute la partie Nord de l'*arrondissement de Bayeux* et se continue à gauche de la route de Caen jusqu'à cette ville, d'où elle se prolonge, adossée au lias et aux anciens terrains, sur les deux rives de l'Orne, en passant près de Falaise. Cette deuxième région est constituée par l'OOLITHE INFÉRIEURE, *étage Bajocien* de M. d'Orbigny.

Cette disparité entre les deux régions est facile à expliquer : en effet, la grande oolithe est formée en entier de calcaire plus ou moins perméable, sans parties marneuses ou argileuses, de sorte que les eaux s'infiltrent facilement à travers toute la masse; tandis que l'oolithe inférieure est composée, au contraire, de couches très-disparates, les unes calcaires, compactes ou poreuses, les autres argileuses ou marneuses. Leur masse, nullement homogène, offre à divers niveaux des nappes d'eau qui s'arrêtent sur les argiles, s'écoulent continuellement là où existe la moindre dépression et viennent insensiblement former ces petites vallées si nombreuses des environs de Bayeux.

La constance remarquable des caractères minéralogiques, dans les différentes couches de la grande oolithe, se retrouve dans la faune. Cette faune est partout presque identique à elle-même; dans les parties inférieure, moyenne ou supérieure, ce sont à peu près les mêmes fossiles; il n'en est plus de même dans l'oolithe inférieure, la faune de la partie supérieure diffère de celle de la partie moyenne; celle-ci, à son tour, ne ressemble presque en rien à celle de la partie inférieure. Ainsi, les caractères minéralogiques et zoologiques sont d'accord pour séparer en deux grandes sous-formations notre système oolithique inférieur.

Nous étudierons, dans cette première partie, les diverses couches qui constituent l'oolithe inférieure du département, et nous passerons ensuite à la description des brachiopodes qu'elles renferment.

DIVISIONS DE L'OOLITHE INFÉRIEURE DU CALVADOS.

L'oolithe inférieure du Calvados, telle que nous la considérons, renferme une série de couches dont la puissance totale peut être évaluée de 60 à 70 mètres, et qui peut être divisée en trois étages distincts : la partie inférieure, comprenant la *couche à Am. primordialis* et la *mâlière*, est généralement formée de calcaires marneux et chlorités, avec des rognons siliceux disséminés dans sa masse ; la puissance de ce premier étage ne dépasse pas 7 mètres.

La partie moyenne est formée de l'*oolithe ferrugineuse* et de l'*oolithe blanche;* elle constitue un ensemble de calcaires de diverses natures, plus ou moins poreux, qui peut être évalué à 15 mètres.

Enfin, la partie supérieure, ou *Fuller's-earth*, forme une masse tantôt marneuse, entremêlée de minces couches de calcaires, c'est alors le *calcaire marneux de Port-en-Bessin ;* tantôt de calcaires blancs, en grands bancs, renfermant souvent des lits de silex, séparés par de très-minces couches marneuses, c'est alors le *calcaire de Caen ;* la puissance de cet étage acquiert quelquefois jusqu'à 40 mètres.

PARTIE INFÉRIEURE.

Couche à Am. primordialis.

Cette couche, d'une puissance très-restreinte, 1 mètre au plus, est généralement formée d'un calcaire marneux rougeâtre, contenant souvent de très-petites oolithes ferrugineuses, et presque toujours des fossiles en mauvais état de conservation, dont le test spathique, excessivement fragile, tombe en fragments dès qu'on veut dégager les coquilles de la roche qui les renferme.

Dans certaines circonstances, rares malheureusement, les conditions minéralisantes sont différentes : le calcaire devient plus consistant, les tests acquièrent de la solidité, et les coquilles y sont très-nombreuses et très-variées ; nous citerons particulièrement pour ce fait les localités de Fontaine-Étoupefour et de Feuguerolles. Dans cette dernière localité, la roche est un calcaire jaunâtre très-homogène et très-consistant, à cassure conchoïde, passant même quelquefois au calcaire lithographique, et où abondent des restes parfaitement conservés de gastéropodes et d'acéphales, tandis que les céphalopodes, au contraire, y sont rares. Ce fait n'a rien d'ailleurs qui doive nous étonner, car la couche en question est ici en contact immédiat avec le grès de May, qui formait, à cette époque, un récif plus ou moins élevé. J'ai eu plusieurs fois occasion de parler de cette particularité (1), à propos des

(1) *Mémoires sur les genres Leptæna et Thecidea des terrains jurassiques du Calvados*, Mém. Soc. Lin. de Norm., t. IX, p. 216. — *Promenade linnéenne à Harcourt*, Bull. Soc. Lin. de Norm., t. I, p. 128.

lias moyen et supérieur, placés dans des conditions identiques, c'est-à-dire rareté des céphalopodes et, au contraire, grande abondance de coquilles littorales. On conçoit que les gastéropodes surtout, qui aiment à se retirer dans les anfractuosités des rochers, devaient pulluler dans une pareille localité; aussi, toutes les fois que ce fait se reproduit, les fossiles deviennent d'une abondance extrême, et les carrières ouvertes au contact des deux roches sont une source féconde de richesses pour le paléontologiste, une mine inépuisable de coquilles littorales.

Parmi les fossiles que l'on rencontre habituellement dans cette couche, nous citerons : *Ammonites primordialis*, Schlot., = *opalinus* (Rein.); *Am. radians*, d'Orb.; *Am. insignis*, Schlüb.; *Am. Sowerbii*, Mill.; *Am. concavus*, Sow.; *Am. Murchisonæ*, Sow. etc.

Dans la même couche, à Feuguerolles et à Fontaine-Étoupefour, où les conditions d'existence ne sont plus les mêmes pour les mollusques, nous citerons : *Am. primordialis*, Schlot.; *Am. torulosus*, Schlüb.; *Am. Sowerbii*, Mill.; toutes ces espèces y sont rares; quant aux gastéropodes, ils y sont très-abondants, et la plupart sont de nouvelles espèces ayant souvent un facies tout spécial. Nous citerons *Pleurotomaria actinomphala*, Desl., et quatre espèces nouvelles, dont un très-grand à tours élevés, gros et arrondis, marqués sur toute leur surface de stries fines entre-croisées; un second, voisin du *Pleurotomaria mirabilis*, Desl., et une espèce, très-aplatie, garnie sur l'angle des tours d'un bourrelet arrondi, un peu voisine d'aspect du *Pleurot. granulata*, Sow.; *Turbo capitaneus*, Münst; trois ou quatre autres grandes espèces de forme semblable, entr'autres une espèce voisine du *Turbo princeps*, Roëm., *Cirrus* voisin du *Cirrus nodosus*, Sow., mais différent en ce qu'il n'a qu'une seule rangée de tubercules, et qu'il est orné, sur le reste de sa surface, de lignes entrecroisées; un autre *Cirrus* très-grand et presque tout plat; plusieurs autres gastéropodes moins remarquables. — Parmi les acéphales, nous citerons : *Opis carinata*, Wright. ; trois autres espèces rappelant les formes de Bayeux, mais doubles de taille. —*Trigonia*, trois espèces. *Hinnites abjectus*, Phill. *Myoconcha*, une grande espèce nouvelle, voisine de *Myoconcha crassa*, Sow. *Arca*, plusieurs espèces. *Cuculæa*, une grande et très-belle espèce. *Gervilia tortuosa. Astarte*, cinq ou six espèces. *Cypricardia* , *Hippopodium Bajocense*, d'Orb. (de petitetaille); *Hippopodium*, sp. nov.; *Lima proboscidea*, Sow.

Terebratula sphæroidalis, Sow, (1), var. *Rhynchonella cynocephala*, Rich. ; *Rhynch. senticosa*, de Buch., variété très-grande ; *Rhynch. Deslongchampsii.*

Cidaris Copeoïdes (Agass.), baguettes aplaties; *Cidaris propinquus* ? (Agass.), baguettes en massue. Baguettes allongées d'une troisième espèce de *Cidaris* de grande taille.

Tous ces fossiles sont bien conservés et ne peuvent donner lieu à des méprises; on voit donc que le facies de cette faune N'EST PAS DU TOUT LIASIQUE, car la plupart des formes ressemblent beaucoup à celles de Bayeux, ou plutôt chaque espèce de l'oolithe ferrugineuse a, pour la représenter, dans la couche à *Am. primordialis*, quelque espèce parallèle, peu différente, quelquefois identique de forme, mais généralement de taille plus grande. Parmi les coquilles à facies liasique, nous ne pouvons guère citer que le *Pleurotomaria* voisin du *Pl. mirabilis*, et, en second lieu, le *Cirrus* voisin du *C. nodosus;* encore avons-nous dans l'oolithe ferrugineuse, à May, une espèce bien voisine sinon identique à celle de Feuguerolles. Quant aux acéphales, ce sont, je le répète, des formes semblables ou identiques à celles de Bayeux.

(1) Voir la description de cette espèce et la pl, IV, fig. 11, 12, 13.

Enfin, les trois *Cidaris* se retrouvent dans l'oolithe ferrugineuse, et jusque dans l'oolithe blanche de Ste.-Honorine-des-Perthes.

Restent les Ammonites ; il est vrai que le facies est ici plutôt liasique qu'oolithique : ce sont, en effet, presque toutes formes se rapportant aux *Falciferæ* qui dominent dans le lias supérieur ; mais jamais je n'ai pu trouver, dans notre couche à *Am. primordialis*, quelque espèce bien et dûment du lias supérieur ; jamais d'*Am. bifrons*, jamais d'*Am. Hollandrei*, jamais de *serpentinus*, jamais de *heterophyllus*. Je le répète, cette faune est, en somme, très-semblable d'aspect à celle de Bayeux ; quand a-t-on jamais cité, comme liasiques, la *R. senticosa*, l'*Hippopodium Bajocense*, le *Lima proboscidea*, le *Cidaris Copeoïdes* !

Je confesse que la stratigraphie ne m'éclaire que très-peu sur ce point ; je n'ai jamais vu de ligne de démarcation bien tranchée entre cette couche et le lias supérieur à *Am. Thouarsensis*, rien qui annonce une dislocation quelconque ; aussi je ne prétends pas décider si la couche appartient au lias ou à l'oolithe ; tout ce que je puis dire, c'est que la faune de cette couche est très-différente de toutes les autres ; qu'elle est toute spéciale, et qu'en la joignant à celle de la mâlière, qui paraît renfermer plusieurs espèces communes, peut-être vaudrait-il mieux se rattacher à l'opinion de M. Lycett, qui regarde cette faune comme spéciale et intermédiaire, par ses caractères, entre la faune liasique et la faune oolithique (1).

(1) Cette opinion, du reste, n'est pas nouvelle, elle a été émise par mon père dès l'année 1849 (*Mém. Soc. Lin. de Norm.*, VIIIe. volume, *Résumé des travaux de la Société*, p. XXXVII). « Cette note tend à « prouver que l'oolithe inférieure et le lias supérieur sont séparés par « une série de bancs assez nombreux, qui ne se rapportent précisé-

Mâlière.

Au-dessus de la couche à *Am. primordialis*, on trouve une série de bancs plus ou moins marneux, souvent pénétrés fortement de chlorite, quelquefois sableux et siliceux (carrières de Bayeux), qui, depuis long-temps, sont connus dans le Calvados sous le nom de mâlière, et dont la puissance peut être évaluée à 7 ou 8 mètres. Cette couche renferme souvent beaucoup de rognons siliceux mal délimités, presque toujours irrégulièrement disposés dans la masse, mais qui finissent quelquefois par former des bancs réguliers (environs d'Etréham, falaise de Ste.-Honorine). Dans quelques cas, ces rognons siliceux renferment des fossiles de cette couche; à Curcy, par exemple, j'ai trouvé dans leur intérieur : *Am. Aalensis*, *Pecten barbatus*, etc.

Cette couche se voit bien plus souvent au jour que celle à *primordialis*, qui n'est que rarement mise à nu. J'ai pu cependant observer plusieurs fois la superposition de ces deux couches à Fontaine-Étoupefour, à Evrecy (1), à Verson, à

« ment ni à l'oolithe inférieure ni au lias supérieur; mais que cette « série s'annonce comme une sous-formation intermédiaire bien dis- « tincte, renfermant des fossiles qui lui sont propres..... Cet ordre de « choses s'est cependant établi, sans modifications profondes et radi- « cales, et a cessé de même, puisque quelques animaux de l'époque « du lias supérieur ont vécu pendant sa période et que c'est également « pendant son existence qu'ont commencé d'apparaître plusieurs animaux « qui ont continué de vivre à l'époque du dépôt de l'oolithe inférieure... « De là peut-être la nécessité d'admettre dans la science un plus grand « nombre de sous-formations dans la période jurassique, et en parti- « culier d'en admettre au moins UNE INTERMÉDIAIRE ENTRE LE LIAS SUPÉ- « RIEUR ET L'OOLITHE INFÉRIEURE. »

(1) *Bull. de la Soc. Lin. de Norm.*, vol. I, p. 21, n°. 10 de ma coupe d'Évrecy.

Clinchamps, et elles semblent se continuer si régulièrement qu'il est souvent difficile de reconnaître où commence l'une et où finit l'autre ; en un mot, il n'y a pas plus de limites entre ces deux couches qu'entre la première et le lias supérieur.

Les fossiles de la mâlière sont rarement bien conservés et ont toujours perdu leur test spathique ; nous citerons donc seulement les plus remarquables : *Belemnites compressus*, Blainv. ; *Nautilus sinuatus*, Sow. ; *Ammonites Aalensis*, Ziet. ; *Am. concavus*, Sow. ; *Am. Murchisonæ*, Sow. — *Ceromya concentrica*, Sow. ; *Modiola plicata*, Sow. ; *Lima proboscidea*, Sow. ; *L. heteromorpha*, Desl. = *L. Hersilia*, d'Orb. ; *Pecten barbatus*, Sow. (1). *Plicatula catinus*, Desl., M. S. ; *Pl. polyptyca*, Desl., M. S. *Ostrea Buckmanni*, Lycett. ; *Placunopsis*, nov. sp., grande espèce. — *Terebratula perovalis*, Sow. ; *Ter. Eudesi*. Oppel (2). *Rhynchonella ringens*, Her.

A la partie supérieure de la mâlière, on voit des traces d'érosions qui sont souvent comblées par des sables provenant de la trituration de la roche, ce qui fait quelquefois rencontrer les mêmes fossiles au-dessus et au-dessous de la dénudation. Souvent aussi cette surface est légèrement ondulée, ravinée et comblée en partie par un conglomérat contenant de très-grosses oolithes ferrugineuses, qui sont évidemment le commencement du dépôt de l'oolithe ferrugineuse ; mais si nous trouvons ici une dénudation, une sorte de discordance entre

(1) Mon père va faire paraître incessamment un grand travail sur les Plicatules et genres voisins des terrains jurassiques dont toutes les planches et le texte sont terminés. Toutes les espèces que nous indiquons dans ce travail (Desl., M. S.) font partie de ce mémoire : *Essai sur les Plicatules et genres voisins*, qui paraîtra prochainement dans le XIe. volume des *Mémoires de la Société Linnéenne de Normandie*.

(2) Voir la description de cette espèce et la pl. IV. fig. 9 et 10.

deux membres de l'oolithe inférieure, rien n'est plus facile à expliquer : ce fait a eu lieu par suite d'une de ces légères oscillations si bien décrites par M. Hébert, dans son savant mémoire sur les *Oscillations du sol, pendant la période jurassique;* et, en effet, que trouvons-nous immédiatement au-dessus de la mâlière? c'est l'oolithe ferrugineuse, c'est la couche à *Am. Parkinsoni* et *Humphresianus;* il y a donc eu un léger exhaussement du sol; aussi trouvons-nous ici un *hiatus.* La couche à *Trigonia navis* ne paraît point dans le Calvados; pendant que cette couche se déposait dans la partie orientale de notre bassin, le sol du Calvados est resté relevé, puis il a subi un nouvel affaissement qui a permis à la mer de reprendre son empire, et la couche à *Am. Parkinsoni* et *Humphresianus* est venue se déposer, sans transition, sur la couche à *Am. torulosus.* Faudrait-il, pour cela, scinder en deux l'oolithe inférieure et mettre dans le lias toute la partie inférieure qui vient d'être décrite? Je ne le pense pas. J'ai souvent remarqué que des oscillations pareilles à celles-ci avaient lieu plusieurs fois pendant le dépôt d'un même terrain; la grande oolithe du Calvados en fournit de nombreux exemples. Souvent, au milieu des couches, on aperçoit ce que les ouvriers appellent des *bancs de chien*, c'est-à-dire des surfaces polies et creusées de coquilles lithophages; j'ai remarqué quelquefois jusqu'à trois de ces *chiens* à des hauteurs différentes, et avec une faune identique en dessus et en dessous. Il y avait donc eu, pendant le dépôt, des oscillations partielles qui, pourtant, n'avaient rien changé aux conditions d'existence des êtres; le fameux temple de Sérapis nous en fournit une preuve, sans sortir de l'époque actuelle. Il est vrai que ces surfaces, sur une légère étendue et avec des faunes semblables en dessus et en dessous, n'ont pas la même importance que le fait de l'absence de couche que nous venons de citer; mais, ainsi que M. Barrande l'a parfaitement fait observer dans ses belles *Études du terrain Silurien de la Bohême*, souvent les discordances sont locales, souvent aussi une discordance de stratification se manifeste au milieu même d'une faune. Une légère oscillation ne peut donc être regardée toujours comme un fait assez important pour former la limite d'un grand terrain; mais lorsqu'il se manifeste avec un changement même partiel de la faune, on peut le regarder comme la fin d'une période, comme formant une excellente limite dans la subdivision d'un terrain.

M. d'Orbigny, en plaçant dans le lias supérieur les deux couches dont nous venons de nous occuper, a commis beaucoup d'erreurs sur les fossiles qu'elles renferment, puisque, dans son *Prodrôme*, les coquilles de la mâlière se partagent le Toarcien et le Bajocien. Cette fâcheuse méprise a mis beaucoup de confusion dans la délimitation des couches; et pourtant, depuis bien long-temps, M. Dufrénoy avait placé la mâlière dans le système oolithique inférieur; il la séparait bien nettement de la couche ferrugineuse de Bayeux; mais, en même temps, appelant l'une *oolithe inférieure*, l'autre *oolithe ferrugineuse*, il réunissait ces deux couches par une accolade que M. d'Orbigny faisait disparaître; aussi a-t-il fallu toute l'autorité du nom de M. Hébert pour que les géologues ne voient pas seulement dans l'oolithe ferrugineuse toute la série oolithique inférieure du Calvados. Nous devons donc beaucoup à M. Hébert, qui a rétabli les choses telles qu'elles étaient réellement et fait disparaître une obscurité dont un seul fait mal observé avait couvert notre oolithe inférieure.

PARTIE MOYENNE.

Oolithe ferrugineuse.

La couche connue habituellement sous le nom de *banc sableux*, si vantée et si connue, avec raison, pour ses magnifiques et nombreux fossiles, n'a qu'une faible puissance, qui peut être évaluée, au maximum, à 2 mètres; elle est formée d'un calcaire plus ou moins siliceux, renfermant une multitude d'oolithes ferrugineuses qui lui donnent un aspect tout particulier.

On peut, le plus souvent, y distinguer trois couches : la plus profonde est formée d'une sorte de conglomérat à base calcaire, renfermant un grand nombre de très-grosses oolithes ferrugineuses disposées sans ordre, et contenant souvent dans leur intérieur un corps organisé. Au-dessus paraît le banc à oolithes ferrugineuses proprement dit, dont la dureté est en général assez grande et qui est criblé de petites oolithes ferrugineuses ovoïdes, très-nettement circonscrites. Cette assise, la plus riche de toutes en fossiles, paraît caractérisée par l'*Am. Humphresianus*, et acquiert jusqu'à 80 centimètres d'épaisseur. Enfin, une troisième couche où les oolithes ferrugineuses sont plus rares, moins bien circonscrites, et le calcaire moins siliceux, est caractérisée par l'*Am. Parkinsoni*, les grandes variétés du *Pleurotomaria mutabilis*, les *Pleurotomaria scalaris*, *Turbo duplicatus*, etc.

Dans beaucoup de localités, ces trois couches se confondent en une seule, dont la puissance diminue jusqu'à n'avoir plus que quelques centimètres; elle n'en est pas moins la plus riche en fossiles de toute notre oolithe inférieure, je dirai presque de tout notre grand système jurassique. C'est donc un très-bon horizon qui fournira toujours d'excellents matériaux pour les collections.

Parmi ces fossiles, nous citerons :

Belemnites giganteus, Schl.; *Bessinus*, d'Orb.; *Nautilus excavatus*, Sow.; *Ammonites Niortensis*, d'Orb.; *polymorphus*, d'Orb.; *Martinsii*, d'Orb.; *Oolithicus*, d'Orb.; *Eudesianus*, d'Orb.; *Blagdeni*, Sow.; *Humphresianus*, Sow.; *Brongniartii*, Sow.; *Gervillei*, Sow.; *Subradiatus*, Sow.; *Ancyloceras annu-*

latus, d'Orb.; *Chemnitzia coarctata*, Desl.; *abbreviata*, Desl.; *turris*, Desl.; *procera*, Desl.; *costata*, Desl.; *Natica Bajocensis*, d'Orb.; *Neritopsis Bajocensis*, d'Orb.; *Trochus duplicatus*, Sow.; *Turbo ornatus*, Sow.; *Trochotoma affinis*, Desl.; *Pleurotomaria ornata*, Sow.; *granulata*, Sow.; *mutabilis*, Desl.; *mutabilis*, var. *elongata*, Desl.; *lævigata*, Desl.; *fasciata*, Desl.; *gyrocycla*, Desl.; *gyroplata*, Desl.; *dentata*, Desl.; *Proteus*, Desl.; *armata*, Müns.; *agathis*, Desl.; *Rostellaria hamus*, Desl.; *Myurus*, Desl.; *Spinigera longispina*, Desl.; *Cerithium contortum*, Desl.; *histrix*, Desl.; *Patella Tessonii*, Desl.; *Dentalium entaloides*, Desl.; — *Opis lunulata*, Defr.; *similis*, Sow.; *Astarte trigona*, Desl.; *modiolaris*, Lam.; *elegans*, Sow.; *Hippopodium Bajocense*, d'Orb.; *gibbosum*, d'Orb.; *Trigonia costata*, Park.; *signata*, d'Orb.; *Lucina*, *Corbis*; *Cardium*, *Isocardia Bajocensis*, d'Orb.; *Nucula nucleus*, Desl.; *Cucullæa elongata*, Sow.; *cancellata*, Phil.; *Arca texturata*, Münst.; *Myoconcha crassa*, Sow.; *Lima proboscidea*, Sow.; *Lima gibbosa*, Sow.; *Avicula digitata*, Desl.; *Hinnites tuberculosus*, Goldf.; *Plicatula Bajocensis*, d'Orb.; *tuberculosa*, Desl., M. S.; *solenophora*, Desl., M. S.; *nidulus*, Desl., M. S.; *speciosa*, Desl., M. S.; *Spondylus* (1) *oolithicus*, Desl., M. S.; — *Terebratula sphæroidalis*, Sow.; *Phillipsii*, Dav.; *carinata*, Lam.; *Waltoni*, Dav.; *Rhynchonella plicatella*, Sow.; *quadriplicata*, Ziet.; *spinosa*, Schlot.; *senticosa*, de Buch.; *costata*, d'Orb.

—*Dysaster Eudesi*, Agass.; *Hyboclypus caudatus*, Wright.;

(1) Très-belle espèce de Spondyle, ornée de nombreuses côtes longitudinales garnies d'épines courtes, et dont l'aréa de la valve adhérente s'abaisse en formant un angle presque droit. Cette espèce sera décrite par mon père, à la suite de son travail sur les Plicatules.

Cidaris copeoides, Agass. ; etc. *Pseudodiadema depressum*, Agass.

L'oolithe ferrugineuse est, de toutes les couches de l'oolithe inférieure, la plus fossilifère, et c'est sans doute à ce fait qu'est due sa grande célébrité ; il est fâcheux toutefois que beaucoup de géologues l'aient prise comme type de l'oolithe inférieure du Calvados, car c'est une exception, et non la règle ; la présence même d'une quantité si grande de corps organisés devait mettre en défiance ; il a fallu quelque cause soudaine, peut-être l'apparition de sources ferrugineuses et de gaz délétères, qui auraient été une cause de mortalité, pour accumuler ces énormes quantités de coquilles dont les amas ont produit la couche si riche qui s'étend dans les arrondissements de Bayeux et de Caen. Du reste, ce même fait se présente à plusieurs niveaux dans les terrains jurassiques, aussi a-t-il souvent donné lieu à des erreurs, en faisant rapporter à l'oolithe de Bayeux des couches bien différentes, témoin le kelloway-rock de Montreuil-Bellay. Souvent même le *calcareous grit*, prenant ce même aspect, a été appelé oolithe ferrugineuse ; mais cette oolithe ferrugineuse n'a d'autre rapport avec l'oolithe de Bayeux qu'une composition minéralogique à peu près semblable, puisqu'elle appartient à l'oxfordien supérieur.

L'oolithe ferrugineuse paraît très-distincte, au premier abord, de la couche qui est déposée au-dessus ; mais si on examine attentivement la partie supérieure du *banc sableux*, on voit déjà cette couche devenir plus blanche, les oolithes ferrugineuses plus rares ; c'est un acheminement aux caractères de l'oolithe blanche qui, du reste, possède une faune toute semblable.

Oolithe blanche.

Au-dessus du banc ferrugineux, se montre une puissante

assise, de 15 mètres environ d'épaisseur, qui, par ses caractères minéralogiques, contraste avec les autres membres de l'oolithe inférieure; en effet, elle est composée d'un calcaire blanc, grenu, plus ou moins spongieux, dont l'aspect rappelle celui de la grande oolithe : on y rencontre une grande quantité de bryozoaires, de polypiers, d'échinides et de brachiopodes qui paraissent être morts sur place; et, sous ce rapport, on peut comparer la falaise de Ste.-Honorine-des-Pertes à celle de St.-Aubin de Langrune, où les mêmes conditions amènent, dans un terrain différent, une composition minéralogique identique et une faune d'apparence semblable, quoique d'espèces réellement différentes.

Les fossiles, quoique fort nombreux encore, sont loin d'égaler en nombre ceux de la couche ferrugineuse; ce sont d'ailleurs les mêmes espèces d'ammonites, de gastéropodes et d'acéphales; mais ici les tests spathiques ont disparu, et on ne peut guère recueillir en bon état que les coquilles à test lamelleux et fibreux : les ostracées, les pectinidées, les malléacées, les brachiopodes, les oursins et les polypiers; mais ces trois dernières familles abondent et présentent des formes remarquables. Parmi ces fossiles, nous citerons :

Belemnites Bessinus, d'Orb., becs de *Nautilus ; Ammonites Parkinsoni*, Sow.; *dimorphus*, d'Orb.; *Natica Bajocensis*, d'Orb.; *Trochus duplicatus*, Sow.; *Pleurotomaria mutabilis*, d'Orb.;—*Trigonia costata*, Park.; *Pinna ampla*, Sow.; *Lima proboscidea*, Sow.; *gibbosa*, Sow.; *Avicula digitata*, Desl.; *Gervilia ariculoides*, Ziet.; *Pecten corneus*, Sow.; *Hinnites tuberculosus*, Goldf.; *Plicatula Bajocensis*, d'Orb.; *nidulus*, Desl., M. S.; *Spondylus oolithicus*, Desl., M. S.; *Ostrea sulcifera*, Morris.

Terebratula carinata, Lamk.; *Waltoni*, Dav.; *Morieri*, Desl.; *hybrida*, E. Desl.; *Bessina*, E. Desl.; *Phillipsii*, Dav.; *globata*, Sow.; *sphæroidalis*, Sow.; *Rhynchonella plicatella*, Sow.

— *Dysaster ringens*, Agass. ; *Eudesi*, Agass. ; *æqualis*, Agass. ; *Holectypus depressus*, Agass. ; *Echinus perlatus*, Desm. ; *serialis*, Agass ; *Pseudodiadema depressum*, Agass. ; *Cidaris copeoides*, Agass. ; *Bouchardi*, Wright. — Débris de crinoïdes.

— *Stomatopora Bajocensis*, d'Orb. ; *dichotomoides*, d'Orb. ; *Proboscina elegantula*, d'Orb. ; *complanata*, d'Orb. ; *Berenicea subflabellum*, d'Orb. ; *Diastopora Wrighti*, Haime; *scobinula?* Mich. ; *Spiropora Bessina*, Haime. ; *Heteropora Lorieri*, d'Orb. ; *Chrysaora Normaniana*, d'Orb.

— *Discocyathus Eudesii*, Edw. et Haime. ; *Turbinolia Magneviliana*, Mich. ; *Axosmilia exstinctorium*, Edw. et Haime. ; *Montlivaltia orbitolites*, Mich ; *Ceriopora Lorieri*, d'Orb. *Scyphia costata*, Mich. ; *Eudea attenuata*, d'Orb. ; *Hippalimus latecostatus*, d'Orb. ; *Cupulospongia compressa*, d'Orb *Amorphospongia gracilis*, d'Orb.

Beaucoup de ces espèces ressemblent à celles de la grande oolithe ; quelques-unes sont identiques : ainsi, le *Spondylus oolithicus* se trouve également à St.-Aubin de Langrune, au Maresquet et à Ranville ; citons encore les *Terebratula Morieri* et *coarctata*, qui sont dans l'oolithe inférieure deux espèces parallèles de la *T. coarctata* dans la grande oolithe ; la *T. Bessina* parallèle de la *T. flabellum* ; la même observation se rapporte aux échinides et aux polypiers, et, chose remarquable, la couche dont nous parlons ici est séparée de la grande oolithe par toute la masse du fuller's-earth.

La limite entre l'oolithe blanche et le fuller's-earth est assez bien accusée dans les environs de Bayeux, où la composition minéralogique change subitement. La première assise du fuller's-earth est, en effet, un calcaire bleu-noirâtre compacte, et contraste tellement avec la couleur blanche de la couche inférieure, qu'à une lieue en mer on voit encore très-nettement la ligne de démarcation entre les deux étages.

Il n'en est plus de même dans l'arrondissement de Caen : ici le fuller's-earth change d'aspect, il est composé d'un calcaire blanc de même nature que l'oolithe blanche, toutefois on reconnaît encore la distinction des deux étages, car le calcaire de Caen, comme s'il ne voulait pas perdre entièrement son caractère de fuller's-earth, montre à sa base deux ou trois petites couches de marne bleuâtre alternant avec de minces couches calcaires; cette partie inférieure est appelée *banc bleu* par les ouvriers, et il est très-utile de reconnaître sa présence, car les couches supérieures et inférieures à ce banc ne renferment ni l'une ni l'autre de fossiles qui pourraient éclairer sur la nature des deux roches.

PARTIE SUPERIEURE.

Fuller's-earth.

Le fuller's-earth présente, dans le Calvados, un fait très-particulier, c'est qu'il a une composition minéralogique toute différente, suivant la localité où on l'étudie; ainsi, dans l'arrondissement de Bayeux, on voit, au-dessus de l'oolithe blanche, une puissante masse argilo-marneuse bleuâtre, avec des couches subordonnées de calcaire jaunâtre ou bleuâtre; c'est alors le *calcaire marneux de Port-en-Bessin* de M. de Caumont. Dans les arrondissements de Caen et de Falaise, on trouve, au contraire, une série de bancs épais, d'un calcaire blanc, qui produit la magnifique pierre à bâtir dont on s'est servi pour la construction de notre ville; mais, entre Caen et Bayeux, ces caractères différentiels si tranchés s'effacent insensiblement; les couches argileuses du fuller's-earth diminuent petit à petit, en même temps que les calcaires augmentent d'épaisseur, et la masse entière devient de plus en plus blanche; c'est surtout aux environs de Ste.-Croix que l'on peut bien étudier cette curieuse métamorphose, que M. de Caumont avait déjà signalée, depuis long-temps, dans sa *Topographie géognostique;* il est donc étonnant que M. d'Orbigny, dans son *Cours élémentaire de stratigraphie*, ait placé le calcaire marneux dans l'oolithe inférieure, et le calcaire de Caen dans la grande oolithe, bien que ces couches soient entièrement synchroniques.

Comme ces deux états particuliers du fuller's-earth diffèrent beaucoup l'un de l'autre par la composition minéralogique et même par les débris (1) d'animaux qu'ils renferment, nous en traiterons séparément.

Calcaire marneux.

Au-dessus de l'oolithe blanche apparaît, dans l'arrondissement de Bayeux, une puissante masse de marnes bleues ou jaunâtres, connues sous le nom de *calcaire marneux* ou *marnes de Port-en-Bessin.* On peut très-bien l'étudier dans la haute falaise étendue depuis Grandcamp jusqu'à Arromanches, où il présente son plus beau développement.

Le calcaire marneux présente à sa base une première couche de calcaire bleu très-dur et très-compacte, renfermant une assez grande quantité de fossiles. Au-dessus, on observe une série de couches calcaires bleuâtres, séparées par des lits argileux peu épais et où se montrent les mêmes fossiles, et, en outre, beaucoup de débris de troncs d'arbres, à l'état de lignites, atteignant quelquefois plusieurs mètres de long. Ces deux assises, dont la puissance peut être évaluée à 5 mètres,

(1) Ceci n'a rien d'étonnant, car les conditions d'existence devaient être très-différentes, pour les êtres organisés, dans deux points où d'un côté la masse est calcaire, de l'autre où elle est argileuse. Quel point de ressemblance trouverait-on entre les faunes de la plage du Havre, de Dives, de Colleville, de Cherbourg, qui pourtant fournissent des formes si différentes entr'elles, le même jour, à la même heure!

sont caractérisées par la présence de l'*O. acuminata*, de l'*Ammonites Parkinsoni*, et surtout de la *Belemnites Bessinus.* Enfin, ces deux couches sont surmontées d'une masse argileuse qui acquiert jusqu'à 25 mètres de puissance, et renferme de minces couches calcaires presque sans fossiles.

Malgré sa grande puissance, le calcaire marneux est la moins fossilifère de toutes les couches de l'oolithe inférieure; il renferme cependant quelques espèces qu'il est bon de connaître; nous citerons :

Belemnites Bessinus, d'Orb.; *Ammonites Parkinsoni*, Sow.; *Humphresianus*, Sow.; *dimorphus*, d'Orb.; *discus*, Sow.; — *Turbo ornatus*, Sow.; *Pleurotomaria ornata*, Sow.; — *Trigonia costata*, Lamk. *Pholadomya gibbosa*, Sow.; *acuticosta*, Sow.; *Avicula digitata*, Desl., *Plicatula Renevieri*, Desl., M. S.; *Ostrea acuminata*, Sow.; *Marshii?* Sow.; — *Terebratula sphæroidalis*, Sow.; *Rhynchonella varians*, Schlot.; *spinosa*, Schlot.; — *Dysaster æqualis*, Agass.

Le mauvais état de conservation et le petit nombre des espèces ont peut-être trop fait négliger l'étude des fossiles du calcaire marneux; il serait bon cependant de les rechercher avec plus d'attention, pour compléter la série des formes de notre oolithe inférieure. La falaise située entre Port et Arromanches paraît être la plus favorable pour ces sortes de recherches, car la partie inférieure, qui est la plus fossilifère, se trouve au niveau de la mer, ce qui donne plus de facilité pour recueillir les fossiles; je ne doute pas qu'avec de la persévérance on n'arrive à trouver des formes intéressantes ou nouvelles.

Nous avons déjà parlé de la limite inférieure du calcaire marneux; sa limite supérieure est peut-être plus nette encore; car, à cette masse argileuse succède, brusquement et sans transition, un dépôt calcaire blanc, très-compacte, un peu fissile, renfermant des rognons, quelquefois même des bancs siliceux subordonnés. C'est la base de la seconde division de notre système oolithique inférieur, la grande oolithe, que nous étudierons dans la deuxième partie de ce travail.

Calcaire de Caen.

Le fuller's-earth des environs de Caen est formé d'une succession de calcaires très-purs, blancs, tachant comme la craie, avec des silex noirs ou bruns disséminés plus ou moins régulièrement dans la masse, caractères qui lui donnent l'aspect des couches crétacées supérieures. Ce système présente à sa base une série de petits bancs calcaires, alternant avec de minces lits de marnes bleuâtres; c'est le *banc bleu* des ouvriers. Au-dessus se voient plusieurs bancs épais de calcaire très-pur, exploité comme pierre de taille, qui se continuent sur une épaisseur de 10 mètres environ. A ce niveau, on rencontre une assise particulière fort remarquable par ses fossiles, c'est le banc à sauriens, où l'on trouve ces beaux débris de crocodiliens décrits par Cuvier dans son magnifique ouvrage : *Recherches sur les ossements fossiles.*

Depuis cette époque, on a recueilli dans ce banc une grande quantité de vertébrés, qui font maintenant l'ornement des collections de la ville de Caen; nous citerons, outre le *Teleosaurus Cadomensis*, Geoff., dont les débris sont les plus abondants, quatre ou cinq autres espèces de teleosaurus : deux de grande taille, dont l'une a reçu le nom de *Steneosaurus*, le *Pœkilopleuron Bucklandi*, Desl., immense saurien de la division des lacertiens; une grande espèce d'*Ictyosaurus;* un *Plesiosaurus* de très-grande taille. A ces pièces remarquables, il faut ajouter des débris isolés d'un assez grand nombre de poissons; des icthyodorulithes, appartenant à cinq ou six espèces; des dents de squales, des mâchoires de chimères, des écailles de *Lepidotus*, etc. On trouve encore dans ce banc des restes de mollusques assez nombreux, mais dont les tests sont fort altérés, et qui paraissent, autant qu'on peut en juger, devoir être rapportés aux espèces suivantes : *Ammonites Parkinsoni*, Sow. ; *Belemnites hastatus*, Blainv. ; *Gervilia aviculoides*, Sow. ; *Pinna ampla*, Sow. ; *Avicula digitata*, Desl. ; *Nucula nucleus*, Desl. ; *Terebratula globata*, Sow.

Au-dessus du banc à sauriens, on trouve une série de couches entièrement semblables aux premières ; et, enfin, vers la partie supérieure, une nouvelle zône fossilifère où les coquilles, quoique mal conservées encore, sont pourtant déjà assez reconnaissables ; nous citerons entre autres : *Ammonites Parkinsoni*, Sow. ; *Nautilus*, grande espèce à tours arrondis, becs de nautiles ;—*Pleurotomaria ornata*, Sow. ; *Chemnitzia*, espèce très-allongée ; *Trigonia costata*, Sow. ; *Trigonia*, grande espèce tuberculeuse ; *Ostrea acuminata*, Sow. ; *Pecten* voisin du *Corneus ;* une grande quantité d'autres gastéropodes et lamellibranches indéterminables ; plusieurs échinides ; *Terebratula Cadomensis*, E. Desl. ; *globata*, Sow. ; *Phillipsii*, Morr. *Rhynchonella spinosa*, Schlot. ; *subobsoleta*, Dav. ; quelques empreintes végétales, etc.

Cette couche est visible dans plusieurs points de la plaine de Caen, mais surtout dans les carrières de Quilly, des Ocrets, de Condeville ; enfin, un chemin creux, à l'entrée de Falaise, montre encore ces couches, renfermant, en grande quantité, des *Rhynchonella spinosa*, ayant conservé leurs couleurs.

Ces fossiles semblent annoncer une faune assez nombreuse ; mais jusqu'ici on n'a encore trouvé aucune localité où les coquilles soient assez bien conservées pour qu'il soit possible d'en faire une étude fructueuse ; il serait bon toutefois de diriger les efforts de ce côté, peut-être pourrait-on trouver quelque point où le test des coquilles serait en bon état. On comblerait ainsi une lacune fâcheuse, dont un des principaux inconvénients est d'empêcher la comparaison des espèces du fuller's-earth avec celles des deux faunes qui précèdent et qui suivent cet étage, et dont la richesse a souvent étonné les paléontologistes.

La limite supérieure du calcaire de Caen est assez bien accusée. En effet, on voit souvent les parties supérieures disloquées et comme en désordre ; en d'autres points, on trouve cette même partie usée, durcie et perforée par des coquilles lithophages ; mais il faut souvent beaucoup d'attention pour reconnaître ce dernier fait, parce que les deux couches en contact se ressemblent en tout point. Les conditions changent lorsque, par un hasard heureux, la couche supérieure vient à être enlevée ; on peut alors observer facilement la surface durcie en question. Elle se voit aisément, grâce à cette circonstance, sur la route de Caen à Varaville, en sortant du village de Mondeville.

Bien différent du calcaire marneux, dont les couches argileuses ne sont d'aucune utilité, le calcaire de Caen, avec ses puissants bancs de calcaire très-pur et très-homogène, est une source de richesse pour l'industrie, une branche importante de commerce pour le Calvados. Les grandes carrières d'Allemagne, de la Maladrerie, de Quilly, des Ocrets, etc., fournissent ces belles pierres de taille qui ont servi à bâtir notre ville et qu'on transporte souvent fort loin (1).

Pour mieux fixer les idées, je terminerai cette étude en donnant une coupe générale des couches qui viennent d'être décrites.

(1) Voir, pour le détail des différents bancs du calcaire de Caen, le mémoire de M. Le Neuf de Neufville, inséré dans le 1er. volume des *Mémoires de la Soc. Linn. de Norm.*, p. 57 et suiv.

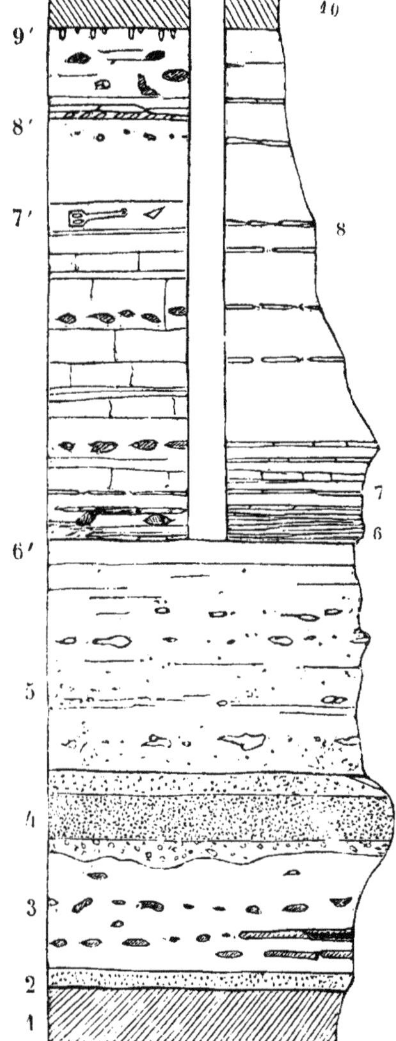

1 Lias supérieur.

2 Couche à *Am. primordialis.*

3 Mâlière.

4 Oolithe ferrugineuse, divisée en trois bancs; à la partie inférieure, conglomérat de grosses oolithes, nivelant des dénudations de la couche inférieure.

5 Oolithe blanche, niveau des spongiaires et des oursins.

6 Banc de calcaire bleu compacte.

7 Partie où dominent les calcaires; niveau des lignites. — Apparition de l'*O. acuminata.*

8. Masse marneuse avec quelques minces lits calcaires.

6′ Banc bleu (limite).

7′ Niveau des sauriens.

8′ Niveau fossilifère supérieur.

9′ Surface usée, durc'e, percée de coquilles lithophages. Commencement de la grande oolithe.

10 Grande oolithe.

Cette coupe a pour objet de faire comprendre, d'un seul coup-d'œil, la succession des divers dépôts de l'oolithe inférieure de notre département. Pour plus de clarté, j'ai dû diviser, par le haut, ma coupe en deux colonnes, afin de montrer qu'à partir de l'oolithe blanche les dépôts varient suivant la région du département que l'on veut étudier : le calcaire marneux occupe la partie droite ; le calcaire de Caen, la partie gauche. J'ai pensé qu'il valait mieux agir ainsi que de donner deux coupes différentes, qui auraient compris : l'une, l'oolithe inférieure dans l'arrondissement de Caen ; l'autre, l'oolithe inférieure dans l'arrondissement de Bayeux. J'ai pensé que, par cette coupe multiple, la différence entre le fuller's-earth des deux arrondissements sauterait de suite aux yeux, et qu'en même temps on verrait, d'une manière plus nette, que le calcaire marneux et le calcaire de Caen ne sont pas deux choses différentes, mais deux dépôts synchroniques.

Après avoir passé en revue les diverses couches qui constituent notre oolithe inférieure, nous allons passer à l'étude des brachiopodes qu'elle renferme ; le tableau suivant donnera une idée nette de la distribution des espèces, couche par couche on y verra qu'un certain nombre de formes sont cantonnées dans des limites très-restreintes, tandis que d'autres au contraire, occupent une certaine latitude ; enfin, qu'aucune espèce ne s'est présentée jusqu'ici à la fois dans toutes les couches.

TABLE DICHOTOMIQUE

DES GENRES ET DES ESPÈCES.

			Genres.
A	Coquille adhérente par sa grande valve. . . .	δ	*Thecidea.*
	Coquille non-adhérente par sa grande valve .		B
B	Crochet entier, percé en dessous d'un trou oblong; coquilles habituellement plissées; test non-poncturé.	γ	*Rhynchonella.*
	Crochet tronqué par un trou arrondi; coquilles habituellement lisses; test poncturé. . . .		C
C	Crochet ordinairement caréné sur les côtés; trou petit; trace d'un septum médian visible par transparence sur la petite valve, où il forme une ligne noirâtre.	β	*Waldheimia.*
	Crochet non caréné sur les côtés; trou large; pas de trace de septum médian visible sur la petite valve.	α	*Terebratula.*

WALDHEIMIA β.

		Espèces.
1	Petite valve présentant un large sinus médian sur toute la largeur	2
	Petite valve sans sinus médian	3
2	Crochet allongé, peu recourbé	*carinata.*
	Crochet très-surbaissé	*Meriani.*
3	Valves très-bombées.	*Cadomensis.*
	Valves plus ou moins aplaties.	*Waltoni.*

TEREBRATULA α.

1	Valves ornées de dix à douze plis radiés. . .	*Bessina.*
	Valves non ornées de dix à douze plis radiés. .	2
2	Grande valve, montrant un sinus médian étendu depuis le crochet jusqu'au bord frontal. .	3
	Grande valve sans sinus médian, ou avec un sinus médian commençant à peine au tiers de la coquille.	5

3	Petite valve montrant un sinus médian. . .	4
	Petite valve montrant un bourrelet médian. .	*coarctata.*
4	Valves ornées de stries longitudinales très-marquées.	*hybrida.*
	Valves montrant seulement des plis lamelleux transversaux.	*Morieri.*
5	Coquilles très-globuleuses, à bourrelets et sinus peu marqués, au moins sur la grande valve.	6
	Coquilles plus ou moins allongées, à sinus et bourrelets très-marqués sur les deux valves.	7
6	Coquille entièrement sphérique ou montrant des traces de plis vers la région frontale seulement.	*sphæroidalis.*
	Coquille montrant de gros plis à la petite valve, et à peine des traces de plis correspondants à la grande.	*Eudesi.*
7	Crochet massif; plis frontaux rapprochés. .	*globata.*
	Crochet non renflé; plis frontaux plus ou moins divergents.	8.
8	Crochet très-allongé; plis frontaux très-aigus, divergents.	*Phillipsii.*
	Crochet arrondi; plis frontaux arrondis, peu divergents.	*perovalis.*

RHYNCHONELLA γ.

1	Plis garnis d'épines.	2
	Plis non garnis d'épines.	4
2	Valves renflées; épines peu nombreuses. . .	3
	Valves peu renflées; épines en nombre indéfini.	*senticosa.*
3	Crochet très-obtus; épines formant des losanges très-réguliers.	*spinosa.*
	Crochet aigu; épines disposées irrégulièrement.	*costata.*

4	Plis s'étendant sur toute la longueur de la coquille.	8
	Plis commençant au tiers antérieur de la coquille seulement.	5
5	Plis formant un limbe frontal continu. . .	6
	Plis formant un limbe frontal discontinu, avec un gros lobe projeté en avant.	7
6	Petite valve presque plane; grande valve très-bombée.	*varians.*
	Petite et grande valves également bombées. .	*oolithica.*
7	Lobe marqué de deux ou trois plis aigus. .	*cynocephala.*
	Lobe marqué de deux ou trois plis arrondis.	*ringens.*
8	Coquille ayant un lobe projeté en avant. .	9
	Coquille à front peu ou point lobé. . . .	11
9	Coquille grande, plis simples.	10
	Coquille petite, plis dichotomes.	*adoxa.*
10	Plis très-fins et très-nombreux.	*Deslongchampsii.*
	Plis très-gros, peu nombreux.	*quadriplicata.*
11	Grande valve presque plane, petite, très-bombée; crochet peu recourbé.	*plicatella.*
	Valves également bombées; crochet recourbé; commencement d'un lobe médian. . . .	*subobsoleta.*

THECIDEA ♂.

Coquille plus large que longue, adhérente par une faible partie de sa grande valve. .	*granulosa.*
Coquille aussi longue que large, adhérente par presque toute la surface de la grande valve.	*dubia.*

CATALOGUE DESCRIPTIF

DES BRACHIOPODES DE L'OOLITHE INFÉRIEURE DU CALVADOS.

TEREBRATULA.

Sub-genus WALDHEIMIA, King.

Le sous-genre *Waldheimia* est caractérisé par un septum médian et un long appareil apophysaire, touchant presque le bord frontal par son extrémité libre. On reconnaîtra facilement les coquilles appartenant à cette division, en ce que le septum, quoique intérieur, laisse toujours à l'extérieur une trace visible par transparence, à la partie supérieure de la petite valve.

Les seules espèces de l'oolithe inférieure du Calvados qui appartiennent au sous-genre *Waldheimia*, se rapportent à une section caractérisée par un trou très-petit et une carène aiguë de chaque côté du crochet. Ce sont les CARINATÆ (1), type *Waldh. carinata*, Lamk.

(1) Une autre section très-remarquable du sous-genre *Waldheimia* a pour type le *W. cardium*, Lam., dont M. King a fait son sous-genre EUDESIA. Dans les espèces de cette section, le trou est très-grand, les coquilles sont habituellement marquées de gros plis longitudinaux; et, enfin, lorsqu'on a étudié les attaches des muscles adducteurs sur la petite valve, on a remarqué que chaque paire avait deux attaches entièrement séparées, *W. flavescens*, Lam.; *W. Grayi*, Dav.; tandis que, dans les *Carinatæ*, les deux attaches des muscles adducteurs sont confluentes, ex. *W. ornithocephala*, Sow. J'appellerai EUDESIÆ les espèces de cette section dont le nombre est, du reste, bien moins grand que celui des *Carinatæ*.

CARINATÆ.

TEREBRATULA (*Waldheimia*) CARINATA, Lam., 1819.

Ter. carinata, Dav., 1850 (*Exam. of Lamarck spec.*), *Annals of nat. history*, pl. XIII, fig. 25. — *Ter. carinata*, Dav., 1851, *Monog.*, pl. IV, fig. 11 à 17. — *Ter. sub-resupinata*, d'Orb., 1847, *Prod.*, p. 287, n°. 454.

Coquille plus ou moins *allongée*. Grande valve bombée, à dos fort élevé, en forme de toit. Crochet *presque droit*, *très-caréné* sur les côtés. Petite valve marquée, sur *toute sa longueur*, d'un sinus médian très-évasé. Dans l'âge adulte, le rebord s'aplatit et forme une sorte de limbe fronto-latéral coupé carrément à angle droit.

HAB. Quoique toujours rare, cette espèce se rencontre dans toutes nos localités d'oolithe ferrugineuse des Moutiers, Athis, May, Bayeux, St.-Vigor, Ste.-Honorine, etc. — Dans l'oolithe blanche, à Ste.-Honorine-des-Perthes.

TEREBRATULA (*Waldh.*) MERIANI, Oppel, 1856.

Pl. IV; fig. 1, 1, *a*, *b*.

Ter. impressa, Dav., pars. 1851, *Monog.*, pl. IV, fig. 8, et pl. X, fig. 17. — *Ter. impressa*, d'Orb., 1847; *Prod.*, p. 287, n°. 463; — non *Ter. impressa*, de Buch, espèce oxfordienne. — *Ter. Meriani*, Oppel, 1856, *Die jura formation*, 2e. cahier, p. 423, n°. 211.

Coquille *raccourcie*, à grande valve très-bombée, à dos encore plus élevé que la précédente. Crochet *très-recourbé*, *peu caréné*. Trou excessivement petit. Petite valve marquée, *à son tiers antérieur seulement*, d'un sinus très-évasé. Front coupé carrément (1), dans l'âge adulte.

(1) Jamais, dans l'âge adulte, ce fait ne s'observe dans la *W. im-*

Obs. Comme cette espèce est encore peu connue, j'ai pensé qu'il serait bon d'en donner une figure. Il est à regretter que mon ami, M. Oppel, n'ait pas figuré les nouvelles espèces qu'il décrit dans son *Die jura formation.* Cette publication, si importante déjà à tant d'égards, eût été plus utile encore.

Hab. La *W. Meriani* est fort rare dans le Calvados. Je n'ai pu en rencontrer jusqu'ici qu'un seul échantillon qui provient de l'oolithe ferrugineuse des Moutiers. Plusieurs spécimens avaient été recueillis par M. Tesson, et font maintenant partie de la riche collection du British Museum.

Terebratula (*Waldh.*) Waltoni (1), Dav., 1851.

Ter. Waltoni, Dav., 1851; *Monog.*, pl. IV, fig. 1, 2, 3. — *Ter. Bajocina*, d'Orb., 1847; *Prod.*, p. 288, n°. 466. — (?) *Ter. emarginata*, Sow.

Coquille très-semblable de forme à la *W. carinata*, dont elle se distingue seulement en ce que les deux valves sont bombées dans la *W. Waltoni*, tandis que la petite valve est concave dans la *W. carinata.*

Hab. Un peu moins rare que la *W. carinata*, et absolument les mêmes localités.

pressa. La région frontale est toujours très-aiguë. La *W. Meriani* a toujours aussi sa grande valve bien plus bombée que l'espèce oxfordienne.

(1) Je n'ai pas cité la *W. emarginata*, Sow., car cette forme me paraît être une simple variété de la *W. Waltoni.* La *W. emarginata* est citée dans le *Prodrôme* de M. d'Orbigny, comme se trouvant dans les localités des Moutiers et de Falaise.

TEREBRATULA (*Waldh.*) CADOMENSIS, nov. sp.

Pl. IV, fig. 2, 3, 4.

Ter. ornithocephala, Dav., pars. 1851 ; *Monog.*, pl. VII, fig. 6 et 9 ; — non *Ter. ornithocephala*, Sow.

Coquille de forme variable, le plus souvent allongée, longitudinalement ovale, sub-circulaire (dans les jeunes), marquée de fortes stries d'accroissement en retrait les unes sur les autres. Les deux valves également convexes. Crochet très-caréné sur les côtés, peu recourbé; pas de limbe latéro-frontal.

OBS. Cette espèce est très-distincte de la *W. ornithocephala*, Sow., par sa forme générale et surtout par son crochet caréné et les fortes stries d'accroissement qui la caractérisent. La *W. ornithocephala*, au contraire, a les côtés de son crochet plus ou moins arrondis et la surface en est entièrement lisse; à peine si on peut en voir les lignes d'accroissement. Enfin, dans cette dernière espèce, le crochet est fort élevé et brusquement recourbé, tandis que dans la *W. Cadomensis*, ce même crochet est presque droit.

HAB. Abondante dans le calcaire de Caen, de Condeville et des Ocrets. Cette espèce se rencontre encore, quoique plus rarement, dans l'oolithe blanche de Ste.-Honorine-des-Perthes et dans l'oolithe milliaire des environs de Caen, vaux de la Folie, Faubourg-l'Abbé, et enfin dans la couche à *Eligmus* du Maresquet et de Ranville. Comme on le voit, cette espèce se rencontre dans trois étages bien distincts : oolithe inférieure proprement dite, fuller's-earth et grande oolithe.

COULEUR. Quelques échantillons de Condeville montrent des traces de la couleur, qui était violâtre pâle.

Sub-genus TEREBRATULA, Llhwyd.

Le sous-genre *Terebratula* est caractérisé par l'absence d'un septum médian et par un court appareil apophysaire, dépassant à peine le tiers de la longueur de la coquille. On reconnaît extérieurement ce sous-genre par l'absence de ligne noirâtre vers le crochet de la petite valve : caractère qui empêche de le confondre avec les *Eudesiæ*, dont le trou est de même forme et qui n'ont pas, aussi, le crochet caréné sur les côtés.

Nous distinguerons, parmi les espèces de l'oolithe inférieure du Calvados, trois petites sections : 1°. les FLABELLOIDEÆ, dont la surface est ornée d'un nombre variable de plis partant du crochet : type, *Ter. flabellum*; 2°. les DECUSSATÆ, qui possèdent à la grande valve un sinus étendu depuis le crochet jusqu'au bord frontal : types, *T. coarctata* (Park.); *T. Bentleyi* (Morr.); *T. Trigeri* (E. D.); enfin, 3°. les BIPLICATÆ, dans lesquelles le sinus n'atteint que le tiers inférieur de la coquille, ex.: *T. biplicata* (Buckm.); *T. globata* (Sow.), etc. (1).

FLABELLOIDEÆ.

TEREBRATULA BESSINA, nov. sp.

Pl. IV, fig. 5.

Coquille semi-lunaire, garnie, sur chaque valve, de douze gros plis longitudinaux, interrompus par de profondes lignes

(1) Parmi les espèces qui n'appartiennent pas à l'oolithe inférieure du Calvados, nous citerons, comme section : 1°. les FIMBRIATÆ : types, *T. fimbria* (Sow.); *T. plicata* (Buckm.); *T. fimbrioïdes* (E. D.); 2°. les MICROTYRIDÆ : type, *T. carnea* (Sow.); enfin, 3°. les NUCLEATÆ : type, *T. nucleata*.

d'accroissement qui les rendent comme tuberculeux. Grande valve très-bombée ; petite valve presque plane. Longueur et largeur à peu près égales ; trou grand ; crochet sub-caréné.

Cette espèce, très-voisine de la *Ter. flabellum*, s'en distingue par une taille plus grande et par sa forme plus longue que large ; tandis que, dans cette dernière, les plus grandes dimensions sont en largeur.

Hab. Cette espèce, fort rare dans le Calvados, n'a encore été trouvée que dans l'oolithe blanche de Ste.-Honorine-des-Perthes ; elle paraît plus abondante dans le département de la Sarthe, où elle a été trouvée dans une couche qui laisse encore des doutes sur sa véritable position stratigraphique, car elle renferme, en même temps, des espèces propres à la grande oolithe et à l'oolithe inférieure. Ces localités sont la butte de la Jonnelière et Conlie.

DECUSSATÆ.

Terebratula Morieri, Desl., in Dav., 1852.

Pl. IV, fig. 6, 6 *a*, *b*.

Terebratula Morieri, Dav., *Annals of nat. history, april*, 1852, pl. XIV, fig. 3.

Coquille presque toujours plus longue que large, ornée de lignes nombreuses, *transversales*, *lamelleuses*. Grande valve pourvue d'un sinus très-profond, étendu du crochet jusqu'au front. Petite valve pourvue aussi d'un sinus très-profond, correspondant à celui de la grande valve.

Obs. Cette curieuse espèce a été recueillie, en 1852, par M. Morière, à Ste.-Honorine-des-Perthes, et a été décrite par M. Davidson comme provenant du calcaire marneux, c'est-à-dire du fuller's-earth. J'en ai recueilli, cette année, quatre échantillons dans la roche même et j'ai pu m'assurer que ce n'était pas dans le fuller's-earth, mais bien dans l'oolithe blanche qu'elle se trouve. Elle est très-distincte de la *Ter. coarctata* (Park.), en ce qu'elle est pourvue d'un sinus à la petite, comme à la grande valve; tandis que l'espèce de la grande oolithe a, sur la petite valve, un bourrelet correspondant au sinus de la grande. De plus, dans la *Ter. coarctata*, les lignes d'accroissement sont coupées, à angle droit, par une foule de lignes longitudinales; tandis que la *Ter. Morieri* n'a que des lignes transversales lamelleuses.

Voir pl. IV, fig. 6, 6, *a*, la *Ter. Morieri*, et fig. 8, 8 *a*, la *Ter. coarctata*. Ces fig. 6 *b* et 8 *b* représentent chacune une portion grossie du test de chaque espèce.

Terebratula hybrida, nov. sp.

Pl. IV, fig. 7, 7 *a*, *b*.

Coquille aussi longue que large, ornée de *lignes transversales, coupées par une multitude de lignes longitudinales;* pourvue à la grande valve d'un profond sinus médian, depuis le crochet jusqu'au front, et à la petite valve, d'un sinus médian peu profond.

Obs. Cette espèce est aussi très-curieuse, en ce que ses caractères participent à la fois de la *Ter. Morieri* et de la *Ter. coarctata :* en effet, elle possède un sinus aux deux valves, comme dans la *Ter. Morieri*, mais déjà ce sinus est très-peu profond, tandis qu'elle possède aussi des lignes longitudinales, comme la *Ter. coarctata.*

Hab. La *Ter. hybrida* se rencontre avec la *Ter. Morieri*, dans l'oolithe blanche de Ste.-Honorine-des-Perthes, où elle est un peu moins rare. On la trouve aussi dans l'oolithe milliaire, partie inférieure de la grande oolithe, au Faubourg-l'Abbé, près Caen, où M. Perrier l'a recueillie avec la *Wald. Cadomensis* et la *Th. triangularis.*

BIPLICATÆ.

TEREBRATULA PHILLIPSII, Morr., 1847.

Ter. Phillipsii (Morr., in Dav.), *Monog.*, pl. XI, fig. 6, 7, 8.—*Ter. Phillipsii*, d'Orb., 1847, *Prod.*, p. 288, n°. 456.—*Ter. Leufroyi*, Guer., 1853, *Répert. paléont. de la Sarthe*, p. 25.

Coquille allongée, à bec comprimé, élancé. Petite valve, marquée de deux grands plis médians, plus ou moins carénés, séparés par un sinus très-profond; sur les côtés, deux autres plis très-marqués, également carénés, sont séparés des plis médians par un large sinus. Grande valve montrant un bourrelet médian, très-élevé, qui occupe plus des deux tiers de la longueur de la coquille ; de chaque côté, un sinus profond. Valves se fermant, sous un angle très-aigu, vers le front.

OBS. Cette belle espèce, toujours facile à distinguer par sa grande taille et ses sinus très-profonds, varie dans des limites très-restreintes; le sinus médian montre quelquefois deux petits plis rudimentaires.

HAB. La *Ter. Phillipsii*, assez rare dans l'oolithe ferrugineuse de Bayeux et des Moutiers, devient abondante dans l'oolithe blanche de Ste.-Honorine-des-Perthes. Un seul échantillon a été recueilli dans le calcaire de Caen, aux Ocrets. Cet échantillon est bien plus raccourci que le type et se rapproche de la *Ter. galeata*, Morris=*Ter. Sub-Bentleyi*, Dav.

TEREBRATULA PEROVALIS, Sow., 1823.

Ter. perovalis, Dav., *Monog.*, pl. XI, fig. 1 à 6.—*Ter. perovalis*, d'Orb., *Prod.*, p. 287, n°. 452. — *Ter. Kleinii*, Lamk., 1819. —

Ter. lata, d'Orb., *Prod.*, p. 287, n°. 453;—non *Ter. lata*, Sow. — *Ter. intermedia*, Ziet., non Sow. — ? *Ter. crithea*, d'Orb., *Prod.*, p. 258, n°. 271.

Coquille de grande taille, très-obtuse à la région frontale qui est marquée de deux gros plis arrondis et peu élevés. Crochet massif, arrondi, peu élevé. Petite valve un peu moins bombée que la grande.

Obs. Cette espèce varie beaucoup, surtout de grosseur, suivant les localités. Ainsi, dans les environs de Caen, elle est d'une grosseur moyenne et présente au front deux gros plis. Aux Moutiers, elle acquiert une taille énorme, plus grosse que le poing, et y devient presque globuleuse; enfin, dans les environs de Bayeux, les deux gros plis du front s'allongent en un gros lobe plus ou moins échancré. C'est cette dernière variété qui a été décrite par Lamarck, sous le nom de *Ter. Kleinii* (1).

Les jeunes individus ont la petite valve aplatie et le bord frontal aigu; elle ressemble alors beaucoup aux jeunes de la *Ter. simplex*, forme qui n'a pas encore été trouvée dans le Calvados.

(1) En faisant une revue très-soignée des espèces de Lamarck, dont les types sont conservés dans la collection du Muséum de Paris et dans celle du baron Delessert, M. Dadvison a rendu un très-grand service, car il a donné d'excellentes figures des types mêmes du célèbre auteur des *Animaux sans vertèbres*, et, en comparant minutieusement ces types avec ceux de Sowerby et des autres paléontologistes, il a pu rendre facile l'étude de ces espèces sur lesquelles il restait tant d'incertitude; aussi le petit mémoire de M. Dadvidson, *Examination of Lamarck's species of fossil terebratulæ*, restera-t-il comme un des documents les plus précieux de la paléontologie. Le type de *Ter. Kleinii* est figuré dans ce mémoire, pl. XIII, fig. 33.

HAB. La *Ter. perovalis* est, dans le Calvados, très-caractéristique de la mâlière, aux Moutiers, Maltot, Évrecy, environs de Bayeux, etc. Je m'étonne beaucoup que M. d'Orbigny la place dans l'oolithe inférieure, puisque, pour lui, la mâlière dépend de son terrain Toarcien, c'est-à-dire le lias supérieur, et qu'il a mis dans ce dernier étage la *Rh. ringens*, qui appartient à la même couche (1).

COULEUR (2). Dans quelques échantillons de Maltot, des traces de couleurs ont persisté; cette espèce devait être d'un brun-violacé.

(1) Quant à la *Ter. crithea* (*Prodrôme*, n. 271, que l'auteur annonce comme devant se trouver à Amayé-sur-Orne (Calvados), il est absolument impossible de préciser, d'après cette courte description, ce que peut être cette espèce. C'est probablement une variété de *Ter. perovalis*, de *Ter. ovoïdes* ou de *Ter. punctata*. Cette dernière appartient au lias moyen; mais, comme M. d'Orbigny a formé son étage Toarcien aux dépens d'une partie de l'oolithe inférieure, du lias supérieur et d'une partie du lias moyen, on conçoit qu'il soit permis de chercher parmi les espèces de ces trois étages; jusqu'ici je n'ai vu aucune espèce du lias supérieur qui puisse s'y rapporter.

(2) La présence de restes de couleurs n'a rien qui doive étonner. En effet, puisque des coquilles qui ont remplacé leur test ont bien pu conserver une partie des nuances qui les ornaient pendant la vie, ex. : des *Chemnitzia* (*a*) à flammes brunes ondoyantes, des *Myoconcha* à lignes en zigzags également brunes, des *Natices*, etc., etc., que l'on rencontre parfois aux Moutiers et à Bayeux, dans l'oolithe ferrugineuse ; on comprend qu'il y avait bien plus de chances pour que des coquilles à test lamelleux, comme les brachiopodes (qui conservent leur test marin là où les coquilles à test porcelainé l'ont remplacé), n'aient pas entièrement perdu leurs couleurs.

(*a*) Voir le Mémoire de mon père sur les Mélanies (*Chemnitzia*) fossiles des terrains secondaires du Calvados (*Mém. Soc. Linn. de Normandie*, vol. VII)

TEREBRATULA GLOBATA, Sow., 1825.

Ter. globata, Dav., *Monog.*, pl. XIII, fig. 2 à 7. — Appendix, pl. A, fig. 18.

Espèce *un peu plus longue que large*, à valves bombées, montrant à la région frontale des *deux valves deux gros plis rapprochés.* Crochet recourbé, obtus et *renflé.*

OBS. Les échantillons du calcaire de Caen sont très-semblables au type anglais; ceux de l'oolithe blanche sont plus aplatis, plus larges, et les deux plis plus écartés et plus allongés; ils se rapprochent alors un peu de la *Ter. Phillipsii;* cependant on les distinguera toujours facilement, à leur petite taille et à leur crochet renflé, des variétés de la *Ter. Phillipsii* où les plis sont moins longs que dans le type.

HAB. Calcaire de Caen, de Condeville et des Ocrets. Oolithe blanche de Ste.-Honorine-des-Perthes et de May.

COULEUR. Quelques échantillons du calcaire de Caen montrent des traces de la couleur, qui était brun-rouge.

TEREBRATULA EUDESI, Oppel, 1856.

Pl. IV, fig. 9 et 10.

Ter. Eudesi, Oppel, 1856, *Die jura formation*, p. 428, n°. 225. — *Ter. Kleinii*, d'Orb., *Prod.*, p. 287, n°. 450; — non *Ter. Kleinii*, Lam.

Espèce *aussi longue que large*, à valves bombées, montrant, *à la petite valve seulement*, deux gros plis *un peu espacés.* La grande valve est plane à la région frontale ou montre à peine des traces de plis qui sont, au contraire, très-profonds dans l'espèce précédente.

Obs. Cette espèce, long-temps confondue avec la *Ter. globata*, en est cependant fort distincte par son crochet non renflé, sa forme générale et surtout l'absence de plis à la grande valve, qui forme avec la petite un angle assez aigu. Elle est, avec la *Ter. perovalis*, très-caractéristique de la mâlière.

Hab. Caractéristique de la mâlière où elle est très-abondante à Fontaine-Étoupefour, aux Moutiers, à Athis, à Feuguerolles, etc., etc.

Couleur. Un échantillon de Clinchamps m'a montré des restes de la couleur, qui était gris-blanchâtre avec des flammes bistres rayonnantes. C'est un caractère différentiel de plus à ajouter, puisque la *Ter. globata* était rouge-brun

Terebratula sphæroidalis, Sow., 1825.

Pl. IV, fig. 11, 12 et 13.

Ter. sphæroidalis, Dav., *Monog.*, pl. XI, fig. 9 à 19. — Appendix, pl. A, fig. 16. — *Ter. sphæroidalis* et *Ter. bullata*, Sow., *Min. conc.*, 1825. — *T. sphæroidalis*, d'Orb., *Prod.*, p. 287, n°. 449.

Coquille très-globuleuse, souvent entièrement sphérique, sans aucune trace de plis frontaux dans le type; quelques variétés présentent des plis plus ou moins prononcés, de nombre, de forme et de dimensions variables. Crochet très-arrondi, très-surbaissé.

Obs. Cette espèce présente un grand nombre de variétés qui ont cela de particulier, qu'elles semblent caractéristiques des divers étages de notre oolithe inférieure; ainsi, l'espèce type, c'est-à-dire complètement globuleuse, est très-abondante dans l'oolithe ferrugineuse : à peine y trouve-t-on quelques rares échantillons présentant des traces de plis ou un amincissement prononcé, en forme de limbe aigu, frontal. Dans l'oolithe blanche, les échantillons conservent encore la forme entièrement globuleuse; mais ils sont, en outre, marqués de fortes lignes d'accroissement qui, même quelquefois, forment une suite de retraits étagés (Voir pl. XI, fig. 17, dans la *Monographie* de M. Davidson). Dans le calcaire marneux, c'est-à-dire le fuller's-earth de Port-en-Bessin, on voit une autre modification. Le bord frontal s'amincit brusquement, en formant un limbe aigu autour de la coquille; souvent il s'y ajoute un lobe médian plus ou moins prononcé (la fig. 15, pl. XI de la *Monographie* de M. Davidson donne une idée de cette variété). Enfin, cette espèce se trouve encore à la partie la plus inférieure du système oolithique : je veux parler de la couche à *Am. primordialis* que quelques auteurs font rentrer dans le lias supérieur. Dans cette couche (Pl. IV, fig. 11, 12 et 13), une dernière modification fort remarquable se présente; les coquilles, tout en conservant la forme globuleuse et sans cependant beaucoup allonger leur limbe frontal, se marquent habituellement de deux plis aigus et profonds; ces plis eux-mêmes se divisent encore dans quelques circonstances et se frangent de petits plis accessoires (Pl. IV, fig. 11 et 12).

HAB. La *Ter. sphæroidalis* se rencontre dans toute la série des étages de l'oolithe inférieure du Calvados, sauf la mâlière. C'est donc une espèce caractéristique par excellence; de plus, comme dans chaque étage elle revêt des formes particulières, elle servira encore à faire distinguer ces étages. Je citerai, pour le fuller's-earth, Port, Ste.-Honorine, etc, dans le calcaire marneux; pour l'oolithe blanche, Moutiers et Ste.-Honorine. Quant à l'oolithe ferrugineuse, il n'y a pas de moëllon, de quelque localité qu'il provienne, qui n'en renferme plusieurs échantillons. Enfin, dans la couche à *Am. primordialis*, on l'a trouvée à Fontaine-Étoupefour.

COULEUR. D'après quelques échantillons de la couche à *Am. primordialis*, je pense que la couleur devait être violet-rouge foncé, un peu brunâtre.

GENUS THECIDEA, Defr.

THECIDEA DUBIA ?? d'Orb., 1847.

Pl. V, fig. 8.

Th. dubia, d'Orb., *Prod.* 1847, p. 288, n°. 467.

Coquille cordiforme, aussi longue que large, un peu échancrée à la région frontale; aréa plane. Grande valve adhérente dans presque toute son étendue, à bord frontal relevé à angle droit. Petite valve plane. Intérieur inconnu.

OBS. Cette détermination est des plus douteuses. Je suis certain que c'est l'espèce indiquée par M. d'Orbigny, puisqu'elle se trouve seule à Ste.-Honorine et Port-en-Bessin; mais, en l'absence de valves détachées, qui permettraient de voir l'intérieur, il est de toute impossibilité de nommer l'espèce avec certitude. Ce n'est probablement qu'une variété un peu grande de la *Th. triangularis*, d'Orb.

HAB. Dans la partie la plus inférieure du fuller's-earth de Ste.-Honorine-des-Perthes, et dans l'oolithe blanche où elle est assez abondante.

THECIDEA GRANULOSA, Moore, 1854.

Pl. V, fig. 3.

Th. granulosa, Moore, *Proceedings of the Somert. nat. history*, 1854. Pl. II, fig. 1 à 6.

Coquille un peu plus large que longue, à bord frontal, peu

ou point échancré. Grande valve adhérente seulement à sa partie supérieure. Petite valve plane. A l'intérieur, la petite valve présente un biseau frontal simplement granulé, d'où naît l'appareil brachial qui est formé d'un seul septum étroit, non ramifié. Appareil (1) palléal formé d'un disque en fer-à-cheval, parsemé de granulations irrégulières.

Obs. Cette espèce est très-rare dans le Calvados : je la décris ici, d'après quelques échantillons recueillis à Feuguerolles par M. Perrier. Ces échantillons sont assez mal con-

(1) L'appareil descendant des thécidées n'est pas, ainsi que je l'avais supposé d'abord, une partie de l'appareil apophysaire, car cet appareil descendant n'est plus destiné à servir de soutien aux bras de l'animal; c'est simplement une dépendance du manteau qui, dans diverses thécidées, *s'ossifie* plus ou moins, si on peut parler ainsi, en se revêtant de calcaire. Le degré de calcification du manteau, les dessins variés qu'il présente, deviennent d'excellents caractères spécifiques dans des coquilles qui, souvent, n'ont que peu ou point de caractères différentiels extérieurs.

Cet appareil descendant se retrouve, en rudiment, dans quelques genres de *Terebratulidæ ;* ex. : *Terebratulina*, où le manteau est doublé d'un réseau calcaire formé de pièces dentelées et percées de trous réguliers ; — *Megerlea*, où le réseau est déjà plus épais ; — *Kraussia*, où il est formé de granulations digitées. Enfin, dans le genre *Morrisia*, ce manteau calcifié prend déjà presque la consistance d'un second appareil apophysaire; mais c'est dans le genre *Thecidea* seulement que cet appareil descendant, c'est-à-dire l'étai, pour ainsi dire *le tuteur du manteau*, vient à égaler en consistance l'étai, *le tuteur des bras*, c'est-à-dire l'appareil apophysaire. Je préfère donc aux dénominations que j'avais imposées d'abord d'appareil ascendant et d'appareil descendant, dénominations qui ne signifiaient rien que la direction des appareils, je préfère, dis-je, deux noms tirés des fonctions mêmes des deux appareils : l'un d'eux, APPAREIL BRACHIAL, est déjà consacré par l'usage; je réserverai pour le second le nom D'APPAREIL PALLÉAL.

servés et ont perdu de l'appareil palléal la partie suspendue au-dessus de la cavité viscérale.

HAB. Probablement la couche à *Am. primordialis* de Feuguerolles.

GENUS RHYNCHONELLA, Fisch.

Le genre *Rhynchonella* est caractérisé par un bec recourbé, aigu, entier, percé en dessous seulement d'un petit trou ovalaire; par un appareil apophysaire rudimentaire qui consiste en deux simples languettes très-courtes, d'où il résulte que les bras sont entièrement libres dans toute leur étendue; enfin, par l'absence de toute trace de septum à la grande comme à la petite valve.

Parmi les Rhynchonelles, nous distinguons deux petites sections très-faciles à saisir : 1°. les SPINOSÆ, ou espèces garnies d'épines tubuleuses sur les côtés, et 2°. les PLICATÆ, caractérisées par l'absence de ces mêmes épines.

SPINOSÆ.

RHYNCHONELLA SPINOSA, Schlot., sp. 1813.

Pl. V, fig. 1, 1 *a*.

Rhync. spinosa, Dav., *Monog.*, pl. XV, fig. 15 à 20. — *Hemithyris spinosa*, d'Orb., *Prod.*, p. 286, n°. 447.

Coquille plus large que longue, à valves plus ou moins bombées. Grande valve pourvue d'un *sinus médian peu profond*, formant avec les côtés une courbe continue. Crochet *très-recourbé, cachant par son extrémité le crochet de la petite valve.* ÉPINES PEU NOMBREUSES, DISPOSÉES TRÈS-RÉGULIÈREMENT SUR LES CÔTES où elles forment des espèces de losanges sphériques fort réguliers (Voir pl. V, fig. 1 *a*).

OBS. La *Rhync. spinosa* est facile à distinguer des deux autres Rhynchonelles épineuses par sa forme plus globuleuse, par son crochet renflé, et enfin par les séries régulières de ses épines ; c'est une espèce fort abondante partout, et, par conséquent, une espèce très-caractéristique qu'il est utile de bien reconnaître ; elle se rencontre dans le Calvados, dans deux étages distincts : le fuller's-earth et l'oolithe ferrugineuse. Notons un fait assez singulier, c'est que, jusqu'ici, l'oolithe blanche paraît entièrement dépourvue de Rhynchonelles épineuses.

HAB. La *Rhynch. spinosa* est très-abondante dans le calcaire de Caen, à Condeville, aux Ocrets, à Falaise ; plus rare dans le calcaire marneux de Ste.-Honorine-des-Perthes et de Port-en-Bessin, et, enfin, dans l'oolithe ferrugineuse de nos diverses localités, Bayeux, les Moutiers, etc.

COULEUR. Presque tous les échantillons qui proviennent de Falaise (1) ont conservé des traces de la couleur, qui était rouge-carminé.

RHYNCHONELLA COSTATA, d'Orb., sp. 1847.

Pl. V, fig. 2, 2 *a*.

Hemithyris costata, d'Orb., *Prod.*, p. 286, n°. 448.

Coquille plus large que longue, à valves plus ou moins bombées. Grande valve pourvue d'un *sinus médian très-profond*, formant souvent un *léger lobe médian. Crochet*

(1) Nous recommandons aux amateurs de fossiles un chemin creux qui est à l'entrée de Falaise, sur la route de Caen. La roche y est criblée de magnifiques échantillons de cette espèce et la plupart ont encore des traces de couleur. Le calcaire de Caen repose, dans cette localité, sur des marnes triasiques rouges et bleues.

aigu, peu recourbé, laissant voir le crochet de la petite valve. ÉPINES PEU NOMBREUSES, DISPOSÉES IRRÉGULIÈREMENT SUR LES CÔTES (Voir pl. V, fig. 2 *a*).

OBS. La *Rhynch. costata* se distingue de la précédente par son crochet aigu et allongé, son sinus médian plus profond et par l'irrégularité de ses épines. Elle se distingue de la *Rhynch. senticosa* par sa forme plus globuleuse, par ses côtes bien moins nombreuses, et enfin par ses épines en nombre limité.

HAB. Cette espèce se rencontre dans l'oolithe ferrugineuse des Moutiers, Bayeux, etc., et dans la mâlière des Moutiers et Port-en-Bessin; elle est plus rare que la *Rhynch. spinosa.*

COULEUR. D'après un échantillon des Moutiers, je serais porté à croire que cette espèce était de couleur jaune-orangé.

RHYNCHONELLA SENTICOSA, de Buch., sp. 1831.

Pl. V, fig. 3, 3 *a*.

Rhynchonella senticosa, Dav., *Monog.*, pl. XV, fig. 21; —non *Rhynch. senticosa*, d'Orb., *Prod.*, p. 375, n°. 456.

Coquille plus large que longue, très-peu bombée. Grande valve à sinus médian *à peine sensible*, à crochet *très-aigu, peu recourbé, laissant voir le crochet de la petite valve.* ÉPINES ET PLIS EN NOMBRE INDÉFINI.

OBS. La *Rhynch. senticosa* se distingue si nettement des autres espèces de l'oolithe inférieure, qu'il est inutile de s'appesantir sur ses caractères différentiels. La distribution stratigraphique de cette espèce est fort curieuse, en ce sens qu'elle se rencontre à May, dans la couche à *Am. primordialis;* elle devient, par conséquent, d'une importance extrême, puisque, de tout temps, on a considéré les Rhynchonelles épineuses comme spécialement oolithiques, et que plusieurs auteurs font rentrer cette couche dans le lias qui jamais n'a fourni de Rhynchonelles de la division des *spinosæ*. La *Rhynch. senticosa* serait ainsi la plus ANCIENNE des espèces de cette section. Ajoutons que, pour sa première apparition, elle a bien débuté; car les échantillons de May sont de plus de moitié plus grands que les autres.

HAB. Dans l'oolithe ferrugineuse des Moutiers et la couche à *Am. primordialis* de May.

COULEUR. Les échantillons du banc ferrugineux des Moutiers ont fourni, quoique rarement, des traces de la couleur qui était, je pense, bistre foncé.

PLICATÆ.

RHYNCHONELLA CYNOCEPHALA, Rich., sp. 1840.

Terebratula cynocephala, Rich., 1840 (*Bull. Soc. géol. de France*). —*Rhynch. cynocephala*, Dav., 1852, *Monog.*, pl. XIV, fig. 10, 11, 12. — *Rhynch. fidia*, d'Orb., *Prod.*, p. 258, n°. 267.

Coquille petite, à valves lisses sur les deux tiers de leur surface, frangées au pourtour de *plis aigus redressés*. Front montrant un lobe médian très-allongé, formé de deux plis (1) *très-aigus*. Ce lobe détermine un profond sinus sur la grande valve et un bourrelet sur la petite, relevés à angle droit.

(1) Dans quelques échantillons d'Angleterre, le sinus médian présente quelquefois un ou trois plis. La même observation s'applique également aux échantillons de Milhau (Aveyron), où le même sinus présente quelquefois jusqu'à quatre plis. Les échantillons de cette dernière localité sont en outre bien plus aplatis que le type; peut-être devrait-on en former une espèce distincte.

Obs. La *Rhynchonella cynocephala* est très-caractéristique de la couche à *Am. primordialis*, en Angleterre comme en France. Dans certaines localités, comme Strond (Angleterre) et Thouars (Deux-Sèvres), elle est très-abondante; au contraire, elle est fort rare dans le Calvados.

Hab. Cette espèce se rencontre, quoique rarement, dans la couche à *Am. primordialis* de Fontenay-le-Marmion et de Clinchamps.

Rhynchonella ringens, de Buch, sp. 1834.

Terebratule grimace, Hérault. — *Rhynch. ringens*, Dav., *Mon.*, pl. XIV, fig. 13 à 16. — *Rhynch. ringens*, d'Orb., *Prod.*, p. 258, n°. 266.

Coquille plus grosse que la précédente, à valves lisses sur les deux tiers de leur surface, frangées au pourtour de *plis arrondis* très-redressés. Front montrant un lobe médian très-allongé, et fortement redressé en avant, garni de un ou trois *plis arrondis*. Ce lobe détermine, sur la grande valve, un profond sinus fortement redressé en avant sur une ligne demi-circulaire. Ce sinus est, sur toute sa longueur, renflé dans sa partie moyenne et creusé d'un sillon peu profond.

Obs. La *Rhynch. ringens* est spéciale à la partie supérieure de la mâlière; il est étonnant que M. d'Orbigny l'ait mise dans son étage Toarcien, puisque la *Ter. perovalis*, le *Pecten barbatus* et la *Lima hersilia*, qui n'est que la *Lima heteromorpha*, Desh., se trouvent identiquement dans la même couche et sont cités par lui dans son étage Bajocien; il est vrai que M. d'Orbigny place la mâlière dans le lias supérieur; mais alors pourquoi indiquer comme du Bajocien presque toutes les espèces caractéristiques d'une couche qui, pour lui, appartient à un autre étage?

HAB. Cette belle espèce ne s'est encore rencontrée que dans la partie supérieure de la mâlière, aux Moutiers. Depuis long-temps cette couche n'y est plus exploitée, et il est maintenant impossible de recueillir un seul échantillon de cette espèce si abondante autrefois.

RHYNCHONELLA OOLITHICA, Dav., 1852.

Rhynch. oolithica, Dav., *Monog.*, pl. XIV, fig. 7.

Coquille petite, un peu plus longue que large, lisse vers le crochet, marquée vers le front d'une douzaine de gros plis aigus. Crochet un peu renflé.

OBS. Cette petite espèce a quelque ressemblance avec la *Rhynch. triplicosa*, Quenst., du kelloway-rock; elle s'en distingue par sa forme un peu plus allongée et ses plis plus aigus.

HAB. Dans l'oolithe ferrugineuse de May, où elle est rare.

RHYNCHONELLA VARIANS, Schloth., sp. 1820.

Rhynch. varians, Dav., 1852, *Monog.*, pl. XVII, fig. 15 et 16. — *Ter. socialis*, Phillips., *Geol. of York.*, pl. VI, fig. 8. — *Ter. obtrita*, Defr., 1828, *Encyclop. méth.* — *Rhynch. varians*, d'Orb., *Prod.*, p. 376, n°. 461.

Coquille petite, aussi longue que large, lisse ou marquée de plis très-peu prononcés au crochet. Front marqué d'un nombre variable de plis aigus un peu couchés. Crochet aigu, délié, recourbé en pointe fine. Grande valve offrant une sorte de carène médiane très-arrondie, suivie d'un sinus assez large, à courbure continue. Petite valve un peu aplatie vers le crochet.

OBS. Cette petite espèce occupe une assez grande étendue stratigraphique, puisqu'on la rencontre dans le fuller's-earth, la grande oolithe, le callovien inférieur, le kelloway-rock et l'oxfordien.

Hab. Dans le calcaire marneux (fuller's-earth) d'Arromanches, où elle se rencontre quelquefois en telle abondance qu'elle y constitue une vraie lumachelle.

Rhynchonella adoxa, nov. sp.

Pl. V, fig. 6 et 7.

Coquille petite, à plis se dichotomisant irrégulièrement à une distance plus ou moins grande du crochet. Grande valve offrant un crochet brusquement recourbé et un sinus médian assez profond, arrondi, garni de trois, quatre ou cinq petits plis. Petite valve brusquement redressée sur les côtés, offrant une légère dépression médiane longitudinale, marquée vers le crochet.

Hab. Cette jolie petite espèce provient de l'oolithe ferrugineuse de May, où elle est rare.

Rhynchonella plicatella, Sow., sp. 1325.

Rhynch. plicatella, Dav., 1852, *Monog.*, pl. XVI, fig. 7 et 8. — *Rhynch. plicatella*, d'Orb., 1849, *Prod.*, vol. I, p. 286, n°. 437.

Coquille très-inéquivalve (1), garnie d'un grand nombre de plis longitudinaux très-réguliers, sans lobe médian bien

(1) La grande valve ou valve rostrale est ici, par une exception singulière, d'une étendue bien moindre que la petite valve. Celle-ci est très-renflée avec des parties latérales remontant quelquefois très-haut pour rejoindre la grande valve qui est, au contraire, presque plane, et, pour ainsi dire, operculaire de la petite. Aussi, la *Rhynch. plicatella* a-t-elle un facies tout particulier qui empêche qu'on la confonde avec aucune autre espèce. C'est sans doute pour cette raison aussi que cette espèce n'est pas embarrassée de synonymie.

sensible, offrant deux dépressions profondes de chaque côté du crochet. Grande valve presque plane. Petite valve au contraire très-globuleuse, brusquement redressée sur les parties latérales. Les deux valves, en se rejoignant, forment souvent un limbe coupé à angle droit sur toute la région frontale.

Obs. Cette espèce varie peu, cependant nous devons dire ici que quelquefois on voit des échantillons qui possèdent déjà un rudiment de lobe médian qui la fait se rapprocher de la *Rhynch. quadriplicata*, quelque distinctes que paraissent être ces deux espèces au premier abord.

Hab. La *Rhynch. plicatella* est assez abondante dans l'oolithe ferrugineuse des Moutiers, May, Bayeux, etc., etc. Elle est non moins abondante dans l'oolithe blanche des Moutiers et de Ste.-Honorine-des-Perthes.

Rhynchonella quadriplicata, Ziet., sp. 1832.

Pl. V, fig. 5.

Ter. quadriplicata, Ziet., 1832, *Die versteinerungen*, pl. XLI, fig. 3.— *Rhynch. quadriplicata*, Dav., 1854, *Monog.* Appendix pl. A, fig. 22.— *Rhynch. Bajociana*, d'Orb., *Prod.*, vol. I, p. 286, n°. 441; — non *Rhynch. quadriplicata*, d'Orb., *Prod.*, n°. 438; — non *Rhynch. quadriplicata*, d'Orb., *Prod.*, vol. I, p. 315, n°. 345; — non *Rhynch. quadriplicata*, d'Orb., *Prod.*, p. 343, n°. 235; — non *Rhynch. quadriplicata*, E. Desl., 1854. Catalogue des Brachiopodes de Montreuil-Bellay, *Bull. de la Soc. Lin. de Norm.*, p. 98.

Coquille garnie d'un petit nombre de gros plis longitudinaux, aigus, avec un grand lobe médian marqué d'un nombre variable de plis : quatre, cinq, six, sept, huit. Le lobe médian et les parties latérales interrompus à la jonction des valves par un limbe coupé à angle droit.

Obs. Cette espèce avait été décrite et assez mal figurée par Ziéten, qui avait donné une indication très-vague sur la couche où elle se rencontre, aussi presque tous les paléontologistes ont rapporté à l'espèce de l'auteur allemand, une belle coquille du callovien inférieur que mon ami, M. Oppel Stuttgart, vient de nommer *Rhynch. Orbignyana.* M. Oppel a été assez heureux pour se procurer le type de Ziéten avec l'étiquette même de l'auteur ; il ne peut donc y avoir aucune méprise à ce sujet.

J'ai pu étudier moi-même ce précieux échantillon que M. Oppel, dont la complaisance est sans bornes, a mis généreusement à ma disposition. J'ai pu ainsi m'assurer que notre espèce de Bayeux était bien la *Rhynch. quadriplicata.* La seule différence est dans le nombre des plis du sinus ; mais ce nombre est si variable dans les Rhynchonelles qu'il ne peut être regardé comme un caractère spécifique.

Ainsi, des trois coquilles nommées, par M. d'Orbigny, *Rhynch. quadriplicata*, aucune ne peut se rapporter à l'espèce allemande ; le n°. 35 du *Prodrôme*, p. 343, est la *Rhynch. Orbignyana*, Oppel. Quant au n°. 345, p. 315, ce ne peut être ni l'une ni l'autre, car jamais la *Rhynch. Orbignyana* n'a paru dans la grande oolithe de St.-Aubin, de Langrune. Cette dernière espèce ne commence à se montrer qu'à la partie supérieure du cornbrash ; puis elle abonde dans le callovien inférieur et le kelloway-rock, et paraît s'éteindre dans l'oxfordien où on en rencontre encore quelques échantillons.

Hab. La *Rhynch. quadriplicata* est rare dans le Calvados et a été recueillie dans l'oolithe ferrugineuse de Bayeux. On m'a assuré qu'elle avait été trouvée dans l'oolithe blanche ; mais, comme je n'ai pu vérifier le fait, je l'ai indiquée dans mon tableau avec un (?).

Rhynchonella Deslongchampsii, Dav., 1852.

Pl. V, fig. 4.

Rhynch. Deslongchampsii, Dav., *Annal. of nat. history;* april 1852. Pl. XIII, fig. 5.

Coquille garnie d'un nombre excessif de petits plis longitudinaux, avec un énorme lobe médian reployé carrément et garni d'une vingtaine de petits plis longitudinaux. Les valves se réunissent à la région fronto-latérale, suivant un angle assez aigu, avec un limbe presqu'imperceptible coupé à angle droit. Valves plus bombées que dans l'espèce précédente.

Obs. Cette magnifique espèce a été rapportée à tort au lias par M. Davidson, d'après mon père, qui n'avait pas recueilli la coquille lui-même. Je l'ai depuis recueillie en place, à Fontaine-Étoupefour et à Feuguerolles-sur-Orne. C'est l'espèce jurassique qui présente le lobe médian le plus allongé.

Hab. Dans la mâlière, à Fontaine-Étoupefour, où l'espèce est excessivement rare; dans la couche à *Am. primordialis*, à Feuguerolles, où j'ai recueilli deux mauvais échantillons (1).

Couleur. Mon échantillon de Fontaine-Étoupefour a parfaitement conservé la couleur, qui était violet foncé subnacré.

(1) Un exemplaire de cette dernière localité a été recueilli par M. Harlé, et se trouve maintenant dans la belle collection de l'École des Mines. Enfin, M. Tesson s'était procuré un échantillon en parfait état, que l'on peut maintenant étudier dans la collection du British Museum.

RHYNCHONELLA SUB-OBSOLETA, Dav., 1852.

Rhynch. sub-obsoleta, Dav., 1852, *Monog.*, pl. XVII, fig. 14. — *Rhynch. Fresnayana*, d'Orb., 1847, *Prod.*, vol. I, p. 286, n°. 440.

Coquille très-globuleuse, à plis un peu arrondis, à grande valve très-bombée, garnie d'un sinus médian peu profond à courbure régulière. Bec assez délié, recourbé. Petite valve très-bombée, munie d'un léger lobe médian arrondi.

OBS. Cette espèce est, comme l'indique M. d'Orbigny, voisine d'aspect de la *Rhynch. tetraëdra* du lias moyen; elle en est bien distincte cependant, surtout par son bec délié; tandis que, dans la *Rhynch. tetraëdra*, le bec est obtus et très-arrondi. Elle se rapproche aussi un peu de *Rhynch. Hopkinsi* de la grande oolithe du Boulonais.

HAB. Dans le calcaire de Caen, des Ocrets et de Falaise, où elle est assez abondante.

COULEUR. Rouge foncé violacé.

Telles sont les espèces qui, jusqu'ici, ont été recueillies dans l'oolithe inférieure du Calvados; je pense toutefois que, par la suite, des recherches suivies pourront de beaucoup en augmenter le nombre. J'engagerais surtout à explorer les environs de Falaise (1) et de Port-en-Bessin, où l'étage du fuller's-earth, quoique présentant une grande extension, a encore été peu exploré.

L'oolithe ferrugineuse et la mâlière ne fourniront guère,

(1) J'appellerai particulièrement l'attention des géologues des environs de Falaise sur quelques espèces qui ont été recueillies dans les environs d'Argentan et d'Alençon (Orne), et que l'on pourrait peut-être retrouver dans cette partie de notre département; ce sont les *Ter. sub-maxillata*, Dav.; *T. ovoïdes*, Sow.; *Rhynch. sub-variabilis*, Dav.; et, enfin, *R. Wrightii*, magnifique espèce voisine de *R. furcillata*.

je pense, d'autres espèces, car elles ont été visitées fréquemment et avec attention par tant de chercheurs très-exercés, qu'il n'y a plus guère d'espérance d'y trouver des choses nouvelles. L'oolithe blanche, quoique bien explorée aussi, a été peut-être trop négligée de nos amateurs de fossiles.

EXPLICATION DE LA PLANCHE IV.

Fig. 1, 1 *a b*. Waldheimia Meriani, Oppel.

Fig. 2. — Cadomensis, E.D. Jeune âge.

Fig. 3, 3 *a*. — — — Variété.

Fig. 4, 4 *a*. — — — Coquille adulte.

Fig. 5. Terebratula Bessina, E. D.

Fig. 6, 6 *a*. — Morieri, Dav. Un peu grossie.

Fig. 6, *b*. — — — Portion très-grossie du test.

Fig. 7, 7 *a*. — hybrida, E.D. Un peu grossie.

Fig. 7 *b*. — — — Portion très-grossie du test.

Fig. 8, 8 *a*. — coarctata, Park. Figurée ici pour comparaison.

Fig. 8 *b*. — — — Portion très-grossie du test.

Fig. 9, 9 *a*, *b*, *c*, 10. — Eudesi, Oppel.

Fig. 11, 12, 13. — sphæroidalis, Sow. Variété remarquable de la couche à *Am. primordialis*.

EXPLICATION DE LA PLANCHE V.

Fig. 1. Rhynchonella spinosa, Schlot., sp. Un peu grossie.

Fig. 1 *a*. — — — Fragment grossi.

Fig. 2. — costata, d'Orb.

Fig. 2 *a*. — — — Fragment grossi.

Fig. 3. — senticosa, de Buch, sp.

Fig. 3 *a*. — — — Fragment grossi.

Fig. 4, 4 *a*. — Deslongchampsii, Dav. Grandeur naturelle.

Fig. 5. — quadriplicata, Ziet. Id.

Fig. 6. — adoxa, E. D. Grossie.

Fig. 6 *a*, *b*. — — — Grandeur naturelle.

Fig. 7. — — — Id.

Fig. 8. Thecidea dubia, d'Orb. Grossie.

Fig. 9. granulosa, Moore. Petite valve grossie.

Caen, typ. de A. Hardel.

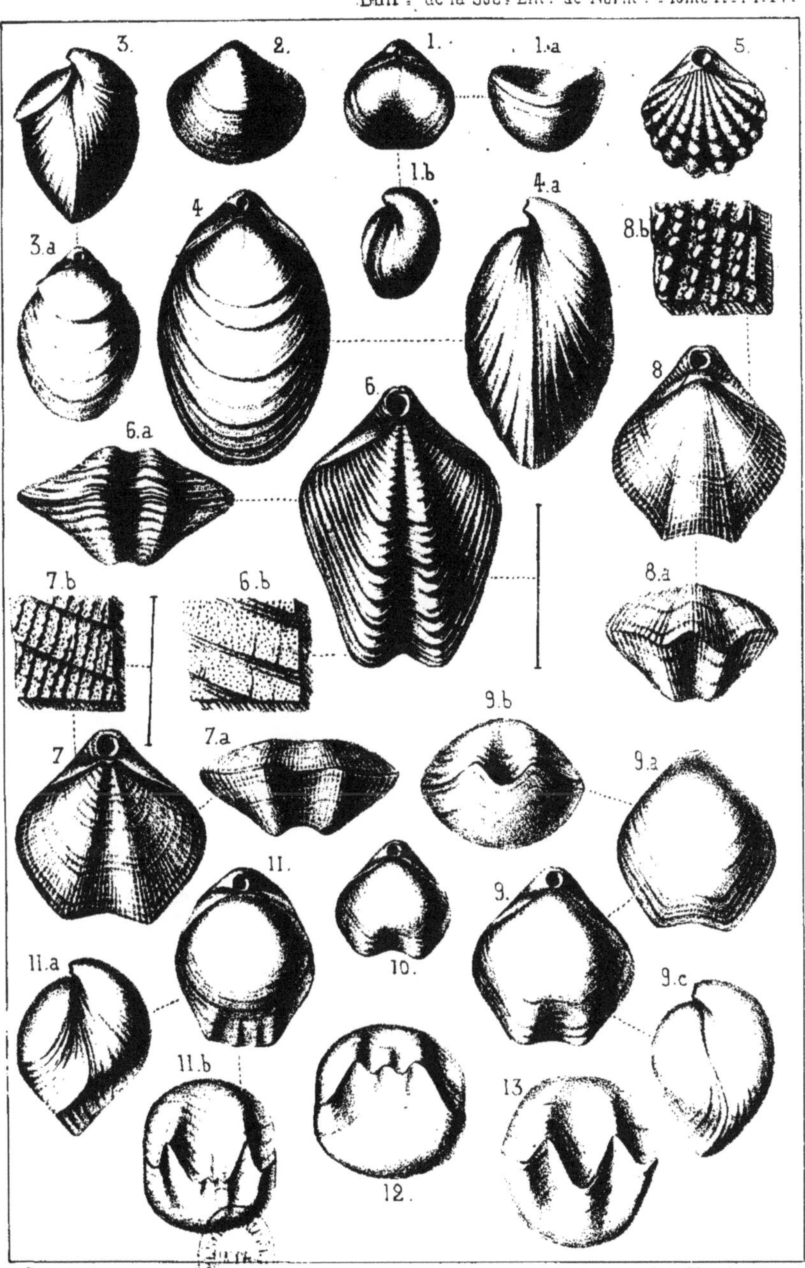

Eug. Deslongchamps. lith.

Imp. Mercier. Caen.

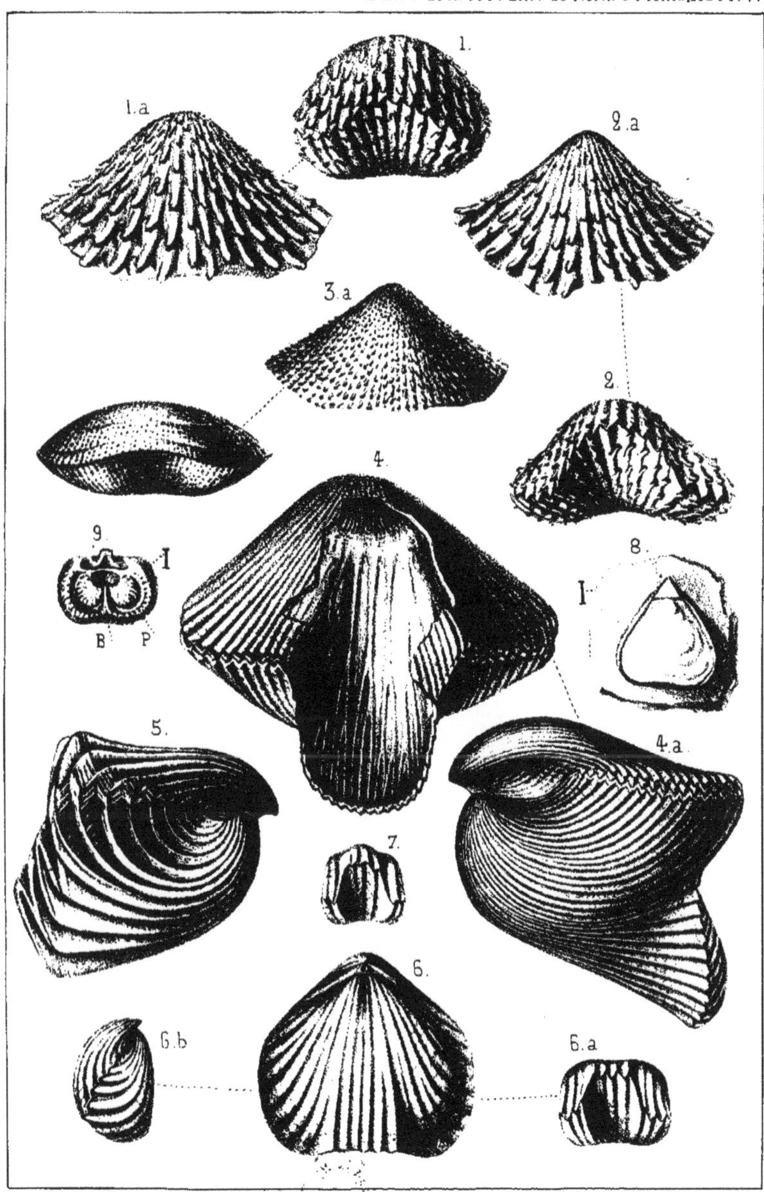

Eug. Deslongchamps lith

Imp. Mercier, Caen

www.ingramcontent.com/pod-product-compliance
Ingram Content Group UK Ltd.
Pitfield, Milton Keynes, MK11 3LW, UK
UKHW021641260726
13994UKWH00003B/1238

9 782329 341705